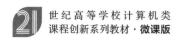
21世纪高等学校计算机类
课程创新系列教材·微课版

C#程序设计与编程案例

微课视频版

曹宇 许高峰 王佳丽 / 编著

U0197105

清华大学出版社
北京

内 容 简 介

本书知识点配以示例代码，让读者在学练结合、循序渐进中学习 C♯ 语言，体验学习乐趣、感受编程魅力。全书共 9 章，分别介绍了 C♯ 的开发入门、基础语法、面向对象编程、常用类和结构、集合、数据库基础、ADO.NET 数据库交互技术、Windows 窗体应用开发入门和综合应用。此外，每章精心设计了项目案例，使读者在实践中巩固相应的实用开发技能。

本书概念清晰、内容简练，是学习 C♯ 语言的入门佳选，既可作为全国高等学校 C♯ 语言的程序设计课程的教材，也可作为编程爱好者的自学参考用书。

图书在版编目（CIP）数据

C♯程序设计与编程案例：微课视频版/曹宇，许高峰，王佳丽编著.—北京：清华大学出版社，2022.8
21 世纪高等学校计算机类课程创新系列教材：微课版
ISBN 978-7-302-60904-9

Ⅰ.①C… Ⅱ.①曹… ②许… ③王… Ⅲ.①C 语言－程序设计－高等学校－教材
Ⅳ.①TP312.8

中国版本图书馆 CIP 数据核字（2022）第 083240 号

责任编辑： 陈景辉　张爱华
封面设计： 刘　键
责任校对： 胡伟民
责任印制： 杨　艳

出版发行： 清华大学出版社
　　　　网　　址： http://www.tup.com.cn，http://www.wqbook.com
　　　　地　　址： 北京清华大学学研大厦 A 座　　　　**邮　　编：** 100084
　　　　社 总 机： 010-83470000　　　　　　　　　**邮　　购：** 010-62786544
　　　　投稿与读者服务： 010-62776969，c-service@tup.tsinghua.edu.cn
　　　　质量反馈： 010-62772015，zhiliang@tup.tsinghua.edu.cn
　　　　课件下载： http://www.tup.com.cn，010-83470236
印 装 者： 北京鑫海金澳胶印有限公司
经　销： 全国新华书店
开　本： 185mm×260mm　　　　**印　张：** 13.75　　　　　　**字　数：** 347 千字
版　次： 2022 年 8 月第 1 版　　　　　　　　　　　　　　**印　次：** 2022 年 8 月第 1 次印刷
印　数： 1～1500
定　价： 59.90 元

产品编号：095700-01

前　言

随着 5G、人工智能、区块链、云计算、大数据等技术的融合,万物互联时代真正来临,编程不仅是信息技术行业对人才的需求,还将成为覆盖所有行业之上的普遍需求。

C♯语言是一门简洁的、类型安全的、跨平台的、面向对象的编程语言。它吸收了 C++、Visual Basic、Delphi、Java 等语言的优点,可开发包括控制台、桌面、Web、Web 服务、移动、游戏、物联网、机器学习等多种类型的应用。C♯语言以其语法简单、学习成本低、开发工具友好易用,让初学者在短期内掌握编程技术成为可能。因此,C♯语言作为入门编程语言是绝佳选择。

本书是编者十余年一线教学和项目实践经验的总结,最大程度地帮助初学者快速入门并掌握 C♯语言的核心基础。

本书主要内容

本书从零基础开始学习 C♯语言编程所需的知识和技术,读者可在短时间内入门,并进行简单项目的开发。

本书分为 9 章,各章主要内容如下。

第 1 章——C♯开发入门。包括语言的优点、可开发应用的类型、程序运行所需的 .NET 框架、Visual Studio 开发工具的下载与安装;着重介绍 Visual Studio 开发工具中控制台应用和 Windows 窗体应用的开发;通过项目案例巩固两种应用开发最基础技能。

第 2 章——C♯基础语法。包括注释、标识符、关键字、常量、变量、变量类型、类型转换、操作符、分支语句、循环语句、数组等。最后通过"盈不足之共买物""百鸡问题""求解斐波那契数列""数字古诗的保存和输出"4 个项目案例的实践,巩固 C♯编程基础知识和技能。

第 3 章——面向对象。包括类和对象的基本概念、成员变量、属性、成员方法、构造方法、方法的重载、继承、方法覆盖、多态、转型、抽象类、接口、名称空间、程序集、访问修饰符、异常处理、递归等一系列知识和概念。最后通过项目案例"中华文明,魅力永恒"相关类的设计,巩固面向对象编程相关知识和实践技能。

第 4 章——常用类和结构。具体包含 String、StringBuilder、Math、Random、DateTime 等类或结构的使用。最后通过项目案例"随机再推荐"功能的设计,巩固常见类和结构的应用技能。

第 5 章——集合。重点介绍非泛型集合类 ArrayList 和 Hashtable,以及泛型集合类 List < T >和 Dictionary < K,T >的使用。通过项目案例中对科学家信息"优化存储"和"添加"功能的实施,巩固集合类操作的知识和技能。

第6章——数据库基础。包括关系数据库和 SQL 的基本概念,数据库和表结构的创建,表数据的维护,记录的添加、删除、修改和查询。通过项目案例中相关库与表的各类操作,巩固数据库基础操作实践技能。

第7章——ADO. NET 数据库交互技术。包括 ADO. NET 核心类,连接数据库,使用 Command 相关类操作数据,使用 DataReader 相关类读取查询数据,使用 DataAdapter 和 DataSet 相关类查询和保存数据等。通过项目案例中添加、删除、修改功能代码的实施,巩固 ADO. NET 数据库交互技术。

第8章——Windows 窗体应用开发入门。包括窗体项目的创建和运行、项目文件结构、窗体属性、常见的窗体控件等。通过项目案例中窗体的设计过程,巩固 Windows 窗体应用开发相关知识和技能。

第9章——综合应用。运用本书前8章的知识和技能,展示了"员工信息管理系统"从需求分析到设计实现的整个过程。最后,大作业"中国劳模信息管理系统"供读者练习,或作为课程考核之用。

本书特色

(1)学练结合,快速入门。

语言简洁易懂,代码实现步骤详尽,实现边学边练,适合零基础读者快速入门和实战。

(2)示例丰富,讲解清晰。

项目案例完整,代码示例丰富,视频教学讲解清晰,让读者轻松地掌握核心开发技能。

配套资源

为便于教与学,本书配有570分钟微课视频、教学课件、教学大纲、源代码、案例素材、教案、教学进度表、期末考试卷(大作业版)及评分标准、软件安装包。

(1) 观看微课视频方式:读者可以先扫描本书封底的文泉云盘防盗码,再扫描书中相应位置的视频二维码,观看教学视频。

(2) 获取源代码、软件安装包和全书网址方式:先扫描本书封底的文泉云盘防盗码,再扫描下方二维码,即可获取。

源代码

软件安装包

全书网址

(3) 其他配套资源可以扫描本书封底的"书圈"二维码,回复本书书号后即可下载。

读者对象

本书主要面向零编程基础人群,既可作为全国高等学校 C#语言程序设计课程的教材,也可作为编程爱好者的自学参考用书。

本书由曹宇、许高峰、王佳丽合作完成。曹宇是上海城建职业学院人工智能应用学院副教授,有二十多年项目经验和教学经验。许高峰曾在电信研究所以及金融投资公司工作,有极其丰富的实践工作经验,目前在上海城建职业学院任教。王佳丽是上海工商外国语职业学院软件技术专业的教研室主任,有十多年的教学经验和项目开发经验。本书在策划和出版过程中,得到许多人的帮助,在此表示衷心的感谢,尤其感谢上海博坤信息技术有限公司为本书目录大纲制定、案例编写等方面给予的大力支持。

本书在编写过程中,参考了诸多相关资料,在此对相关资料的作者表示衷心的感谢。限于作者水平和时间仓促,书中难免存在疏漏之处,欢迎广大读者批评指正。

作　者

2022 年 5 月

目 录

第1章 C♯开发入门

1.1 基础概念

C♯是微软公司在 2000 年发布的一种简洁的、类型安全的、跨平台的、面向对象的编程语言。它吸收了 C++、Visual Basic、Delphi、Java 等语言的优点,使用 Visual Studio 集成开发工具,可开发基于.NET 框架(.NET Framework)平台的各种类型应用,包括控制台应用、桌面应用、Web 应用、Web 服务、移动应用、游戏、物联网应用、机器学习等。

.NET 框架是微软公司为开发.NET 应用而创建的一个集成的、面向对象的开发平台。.NET 框架主要由两大部分组成:一部分是公共语言运行时(Common Language Runtime,CLR),它是运行时的环境,提供代码编译、内存管理等功能;另一部分是提供了具体功能的.NET 框架类库,包含基础类库、数据处理类库、各类应用开发类库等。通过.NET 框架结构(见图 1-1)可直观了解它们与操作系统、开发语言之间的关系。

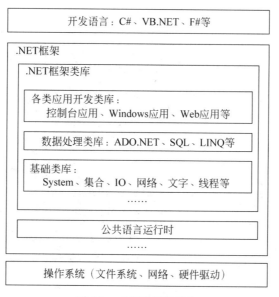

图 1-1 .NET 框架结构

Visual Studio(简称 VS)是微软公司提供的开发工具。Visual Studio 安装过程中会集成.NET 框架,支持各种语言,拥有强大的可视化用户设计界面,让开发者从各类复杂应用开发中解脱出来,享受方便、快捷的编程过程。

1.2 安装 Visual Studio 开发工具

进入微软公司官网下载 Visual Studio 开发工具,如图 1-2 所示。单击 Community 2019 右侧的"下载"按钮,在下载任务框中将文件名改为 vs_community.exe,单击"下载"按钮,进行下载。

图 1-2 下载 Visual Studio 开发工具

双击 vs_community.exe 文件,主要安装步骤如下所述。

(1) 允许 Visual Studio Installer 安装后,单击"继续"按钮,如图 1-3 所示。

图 1-3 单击"继续"按钮

(2) 进入边下载边安装的过程,如图 1-4 所示。

图 1-4 进入边下载边安装过程

（3）选中".NET 桌面开发"复选框进行安装，如图 1-5 所示。注：学习 C♯ 选中".NET 桌面开发"复选框即可，若从事其他类型项目开发，可选中相应的开发类型。

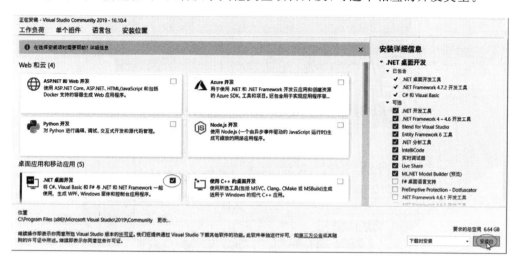

图 1-5　选中".NET 桌面开发"复选框进行安装

（4）继续安装，遇到账号登录时，可选择"以后再说"选项，如图 1-6 所示。

图 1-6　选择"以后再说"选项

C♯开发入门

（5）在"开发设置"下拉列表框中选择 Visual C#选项，保证 Visual Studio 中第一开发语言为 C#，单击"启动 Visual Studio"按钮，完成安装，如图 1-7 所示。

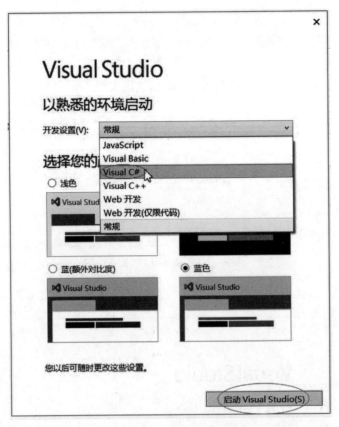

图 1-7　选择 C#为第一开发语言并启动 Visual Studio

1.3　第一个控制台程序

下面设计第一个 C#程序实现控制台输出。

【例 1-1】　实现控制台输出"鸿蒙初开，未来可期！"。

实现的目标：学会创建控制台程序，并能输出简单信息。

实现的步骤：

（1）启动 Visual Studio。

（2）选择"文件"→"新建"→"项目"选项，弹出"创建新项目"窗口。

（3）"语言"选择 C#，"平台"选择 Windows，"项目类型"选择"控制台"，单击"下一步"按钮，弹出"配置新项目"窗口。

（4）在"项目名称"文本框中输入 ConsoleApp1，单击"下一步"按钮，弹出"其他信息"窗口。

（5）单击"创建"按钮，将打开 Visual Studio 开发控制台应用界面，如图 1-8 所示。

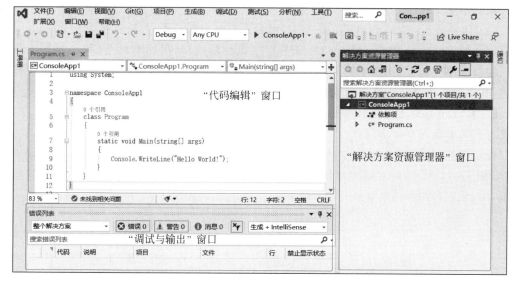

图 1-8　Visual Studio 开发控制台应用界面

（6）在"代码编辑"窗口中，找到 Main()方法，在该方法内编写代码如下。

```
using System;
namespace ConsoleAppHelloWorld
{
    class Program                              //类名为 Program
    {
        static void Main(string[ ] args)        //Main()方法是程序的入口
        {
            Console.WriteLine("鸿蒙初开,未来可期!");   //输入第一行(原来 Todo 行删除)
Console.ReadKey();                          //输入第二行
        }
    }
}
```

（7）单击"启动"按钮或按 F5 键，弹出控制台窗口并显示结果："鸿蒙初开，未来可期！"，如图 1-9 所示。

图 1-9　弹出控制台窗口并显示结果

C#开发入门

案例小结：

（1）代码简析：方法必须定义在类中，可看到有一个 Main() 方法存在于一个用 class 关键字定义的 Program 类中；Main() 方法是程序执行的入口，里面有两行，第一行用于在控制台窗口输出一行文字"鸿蒙初开，未来可期！"；第二行用于在控制台窗口等待用键盘输入某键，其实际作用是防止控制台窗口因执行完毕而关闭，造成控制台界面一闪而过。

【注】 Console 是 .NET 框架基础类库的类，组织在 System 空间中。利用 Console 类，可进行控制台输入和输出操作。

（2）编译、运行原理说明：C#代码被 C#编译器(csc.exe)编译为通用中间语言码文件（.dll 或 .exe）；然后，针对所处本机环境，公共语言运行时使用实时编译技术，将中间语言码编译为本机代码并即时执行。C#程序编译、运行原理如图 1-10 所示。

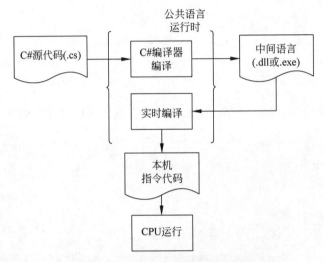

图 1-10   C#程序编译、运行原理

1.4   第一个 Windows 窗体程序

下面设计 Windows 窗体程序，实现输出信息。

【例 1-2】   实现 Windows 窗体输出"中华有为，开天辟地"。

实现的目标：学会创建 Windows 窗体程序，显示文本信息。

实现的步骤：

（1）启动 Visual Studio。

（2）选择"文件"→"新建"→"项目"选项，弹出"创建新项目"窗口。

（3）"语言"选择 C#，"项目类型"选择"桌面"，在列表中选择"Windows 窗体应用"，单击"下一步"按钮，弹出"配置新项目"窗口。创建 Windows 窗体应用，如图 1-11 所示。

（4）在"项目名称"文本框中输入 WindowsFormsApp1，单击"创建"按钮，打开 Visual Studio 开发 Windows 窗体应用界面，如图 1-12 所示。

（5）单击左侧"工具箱"，打开"所有 Windows 窗体"选项卡，单击 Label 控件，将其拖曳到窗体中，如图 1-13 所示。

图 1-11　创建 Windows 窗体应用

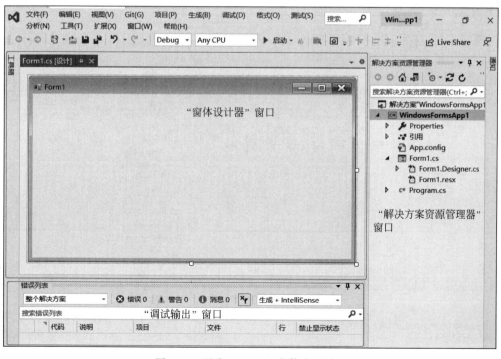

图 1-12　开发 Windows 窗体应用界面

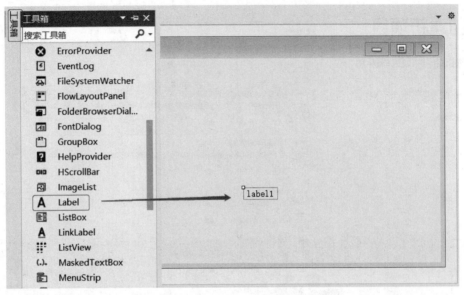

图 1-13　从工具箱拖曳 Label 控件到窗体中

（6）右击窗体中的 Label 控件，在弹出的快捷菜单中选择"属性"选项，在"属性"框中，设置 Text 属性值为"中华有为，开天辟地"，发现显示内容发生了改变。设置 Font 属性相关值，发现字体及大小等产生了变化。设置 Label 控件属性值，如图 1-14 所示。

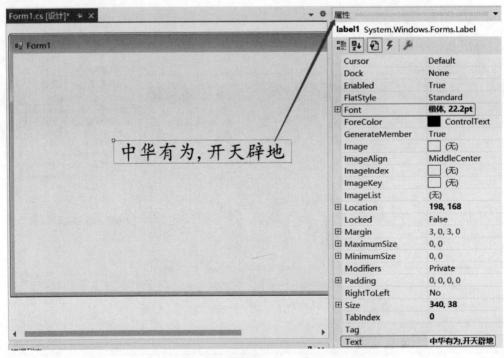

图 1-14　设置 Label 控件属性值

（7）单击"启动"按钮 ▶启动· 或按 F5 键，启动应用，效果如图 1-15 所示。

案例小结：

（1）Windows 窗体项目创建后，Visual Studio 自动生成一个 Windows 窗体，并为此打开设计器视图，供界面设计。可在"工具箱"的选项卡中，选择合适的控件布局窗体。

Windows 窗体包含标题栏、"最大化"按钮和"关闭"按钮。通过调整窗体的属性值，呈现出窗体的整体布局、外观。

在窗体上的控件也有自己的属性。通过设置其属性值，同样可呈现不同的外观效果。

图 1-15 启动 Windows 窗体应用效果

（2）将"工具箱"内控件拖曳到设计窗体中，并进行设置属性的可视化操作，实际上会产生相应的代码。

打开"解决方案资源管理器"窗口，单击项目 WindowsFormsApp1 左侧横向小三角按钮，展开项目，单击 Form.cs 文件左侧横向小三角按钮，打开 Form1.Designer.cs 文件，可看到有代码在 InitializeComponent()方法中生成。本案例中 Label 控件设置属性后生成的相关代码如下所示。

```
this.label1 = new System.Windows.Forms.Label();
this.SuspendLayout();
//
//label1
//
this.label1.AutoSize = true;
this.label1.Font = new System.Drawing.Font("楷体", 22.2F);
this.label1.Location = new System.Drawing.Point(182, 145);
this.label1.Name = "label1";
this.label1.Size = new System.Drawing.Size(340, 38);
this.label1.TabIndex = 0;
this.label1.Text = "中华有为,开天辟地";
```

1.5 项目案例——天行健、上下而求索

1.5.1 项目一：创建控制台应用"天行健，君子以自强不息"

项目说明：奋斗是中华民族的底色，见山开山，遇水架桥，正是因为自强不息的奋斗，才有了辉煌灿烂的中华民族。今日之青年，是时代前列的奋进者，是勇立潮头的开拓者，理应自立自强，战胜险阻、破浪前行，努力成才！

为此，创建一个控制台应用，显示"天行健，君子以自强不息"。

项目实现步骤：

(1) 启动 Visual Studio。

(2) 选择"文件"→"新建"→"项目"选项，弹出"创建新项目"窗口。

(3) "语言"选择 C♯，"平台"选择 Windows，"项目类型"选择"控制台"，单击"下一步"按钮，弹出"配置新项目"窗口。

(4) 在"项目名称"文本框中输入 ConsoleAppStrengthenSelf，单击"下一步"按钮，弹出"其他信息"窗口。

(5) 单击"创建"按钮，打开 Visual Studio 开发控制台应用界面。

(6) 在"代码编辑"窗口中，找到 Main()方法，在该方法内编写代码如下。

```
using System;
namespace ConsoleApp1
{
    class Program                        //类名为 Program
    {
        static void Main(string[ ] args)     //Main()方法是程序入口
        {
            Console.WriteLine("天行健,君子以自强不息");
    Console.ReadKey();
        }
    }
}
```

(7) 单击"启动"按钮或按 F5 键，弹出控制台窗口并显示结果："天行健，君子以自强不息"，如图 1-16 所示。

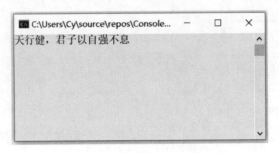

图 1-16　弹出控制台窗口并显示结果

项目小结：

(1) 在"解决方案资源管理器"窗口中，项目下有一个 Program. cs 文件，内有一个名为 Main()的方法，该方法是程序的入口，C♯程序都是从这开始执行的。执行语句可写在此处，如本项目案例的语句：

```
Console.WriteLine("天行健,君子以自强不息");
```

(2) Console 类控制着控制台的输入、输出，常见方法有：Console. WriteLine()，输出一行，并换行；Console. Write()，输出一行，不换行；Console. ReadKey()，获取键盘按键值，

可用来暂停控制台程序；Console. ReadLine()，获取键盘输入的字符串。

（3）控制台主要用于追求高效、便捷的场合，如服务器和系统运维、测试和自动化操作等。除此之外，一般需考虑开发用户体验更佳的图形用户界面应用，如 Windows 窗体应用、Web 应用等。

1.5.2 项目二：创建 Windows 窗体应用"路漫漫其修远兮，吾将上下而求索"

项目说明：中国人从未停止不断求索，从屈原的"天问"，到航天"筑梦天宫"。国人历经数千年，不断前行，方有如今之成就。作为新时代青年，更应该勤学善思，刻苦钻研，主动探求真理，追求真知，为祖国的伟大复兴梦做出贡献！

为此，创建一个 Windows 窗体应用，在窗体上显示"路漫漫其修远兮，吾将上下而求索"。

项目实现步骤：

（1）启动 Visual Studio。

（2）选择"文件"→"新建"→"项目"选项，弹出"创建新项目"窗口。

（3）"语言"选择 C♯，"平台"选择 Windows，"项目类型"选择"桌面"，在列表中选择"Windows 窗体应用"，单击"下一步"按钮，弹出"配置新项目"窗口。

（4）在"项目名称"文本框中输入 WindowsFormsAppSeekingTruth，单击"创建"按钮，打开 Visual Studio 开发 Windows 窗体应用界面。

（5）单击左侧"工具箱"，打开"所有 Windows 窗体"选项卡，单击 Label 控件，将其拖曳到窗体中，如图 1-13 所示。

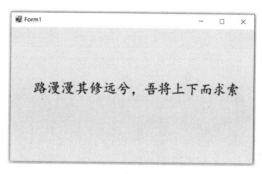

（6）右击窗体中的 Label 控件，在弹出的快捷菜单中选择"属性"选项，在"属性"框中设置 Text 属性值为"路漫漫其修远兮，吾将上下而求索"。

（7）单击"启动"按钮或按 F5 键，启动应用，效果如图 1-17 所示。

图 1-17 启动 Windows 窗体应用效果

项目小结：

（1）在"解决方案资源管理器"窗口中，本案例项目下，同样有 Program. cs 文件，内有程序的入口 Main()方法，主要作用为显示指定窗体，代码如下所示。

```
static void Main()
{
    Application.EnableVisualStyles();
    Application.SetCompatibleTextRenderingDefault(false);
    Application.Run(new Form1());        //创建 Form1 窗体，并使之可见
}
```

方法中最后一条语句"Application. Run(new Form1());"的作用是：创建 Form1 窗体，并使之可见。为此，当启动 Windows 窗体应用后，会显示 Form1 窗体界面。

（2）项目编译后的结果放在项目的 bin 文件夹下。在"解决方案资源管理器"窗口中，右击项目，在弹出的快捷菜单中选择"在文件资源管理器中打开文件夹"选项，展开 bin 文件夹，再展开 Debug 文件夹，可发现有. exe 文件，即 Windows 窗体应用可执行文件。本项目案例中名为 WindowsFormsAppSeekingTruth. exe，双击该. exe 文件即可运行。

（3）Windows 窗体应用采用视窗化的图形界面，用户体验更佳，相对于枯燥的控制台更容易让用户接受。借助 Visual Studio 开发工具，通过拖曳控件并设置其属性，可快速搭建应用的窗体界面。

Windows 窗体应用是基于事件驱动的应用。通过单击控件、键盘输入文本框等操作，触发控件事件处理相应的操作，可达到用户交互效果。具体如何实现控件事件处理，将在后续章节中进行学习。

第2章 C♯基础语法

程序开发过程,可理解为按功能需求写出符合语法代码的过程。因此,掌握语法极其重要。C♯的基本语法主要包括注释、标识符、关键字、常量、变量、变量类型、类型转换、操作符、分支语句、循环语句和数组等。

2.1 编程基础

参见1.3节中第一个C♯程序,其整体为一个类结构,类结构中有属性、方法等。

执行代码可放置于入口 Main()方法中。为此,本章的基础代码应该在 Main()方法中进行编写和测试。

此外,编写代码过程中应注意:C♯大小写敏感;所有的语句须以英文分号结束。

2.1.1 注释

注释一般用以对程序中的功能进行解释说明。代码中常用单行注释、多行注释。

【例2-1】 单行注释、多行注释。

```
//这个是单行注释,例如放在变量后面,用于描述变量的作用
/* 这是一个多行注释,多放于类前或方法前,描述功能.
    在多行注释中,不可嵌套其他多行注释.
*/
```

2.1.2 标识符

标识符是一种用来命名的字符串,可用于命名变量、方法、参数、类等。

标识符命名要求:只能包含字母、数字、@符号、下画线"_";首位可以是字母、下画线或@符号,但不能是数字;C♯关键字不能用作标识符。

另外,建议遵循如下规范:

(1) 尽量用有意义的单词来定义标识符,如 name、password、age。

(2) 类名、方法名和属性名遵循首字符大写的大驼峰规范,如 Employee、AddEmp、Name。

(3) 变量名遵循首字符小写的小驼峰规范,如 name、userName。

(4) 常量的所有字符应大写,并且单词间用下画线连接,如 MIN、MAX_VALUE。

2.1.3 关键字

关键字是编程语言中事先定义好并赋予了特殊含义的单词。例如，关键字 class 用以定义类、int 用以定义一个整数变量等。C♯关键字如下所示。这里不做展开，在相应章节中会对常用关键字做出说明。

abstract	as	base	bool
break	byte	case	catch
char	checked	class	const
continue	decimal	default	delegate
do	double	else	enum
event	explicit	extern	false
finally	fixed	float	for
foreach	goto	if	implicit
in	in (generic modifier)	int	interface
internal	is	lock	long
namespace	new	null	object
operator	out	out (generic modifier)	override
params	private	protected	public
readonly	ref	return	sbyte
sealed	short	sizeof	stackalloc
static	string	struct	switch
this	throw	true	try
typeof	uint	ulong	unchecked
unsafe	ushort	using	virtual
void	volatile	while	

2.1.4 常量

常量就是在程序执行中固定不变，不能被改变值的数据。在 C♯中，常量包括整型常量、浮点数常量、布尔常量、字符常量、字符串常量等。

1. 整型常量

整型常量可用十进制或十六进制表示。前缀指定基数：0x 或 0X 表示十六进制；无前缀则默认表示十进制。后缀中，U 表示 unsigned，即无符号；L 表示 long，即长整型；UL 表示 unsigned long，即无符号长整型常量。

十六进制用 0x 或 0X 作为前缀，紧随[0,9]或[A,F]的数字和字母序列。例如，0xA2、0X12 等，其中 A 可看成十进制 10，后面依次为 B(11)、C(12)、D(13)、E(14)、F(15)。

【例 2-2】 0X12 代表十六进制，等于十进制的 18。

```
int a = 12 + 0X12; //转换为十进制: 12 + (1 × 16 + 2)
Console.WriteLine(a);
```

结果：

```
30
```

2. 浮点数常量

计算机中,小数用浮点格式表示,所以浮点数即小数。

浮点数分单精度浮点数和双精度浮点数。单精度浮点数用 32 位表示小数,双精度浮点数用 64 位表示小数,为此双精度浮点数精度相对比较高。

单精度浮点数后缀为 F 或 f,如 3.14f;双精度浮点数后缀为 D 或 d,也可不加,即默认为双精度浮点数。

浮点数也可通过指数形式表示,如 1.2E3f 代表单精度浮点数 1.2×10^3,2.3e$-$5 代表双精度浮点数 2.3×10^{-5}。

3. 布尔常量

布尔常量表示逻辑上的真假,true 代表真,false 代表假。

4. 字符常量

字符常量表示字符,用单引号引用,如'a'、'A'、'!'等。

对于特殊字符,用"\"前缀转义表示。常用的有'\''(单引号)、'\"'(双引号)、'\\'(反斜杠)、'\n'(换行)、'\r'(回车)、'\t'(水平制表符)等。

C♯中对字符采用 Unicode 字符集保存。因此,用 Unicode 方式也可表示字符,如'A'字符可表示为'\u0065'。

5. 字符串常量

字符串常量为用双引号引用的字符序列。如"Hello World!"、"Input Name："。

同样,对于字符串中的字符也可用'\'前缀转义和 Unicode 方式表示,如"输入姓名：\t"可用"\u8f93\u5165\u59d3\u540d\uff1a\t"表示。

以上为字面常量。C♯中还有一种不变常量,即用 const 关键字修饰,只允许一次赋值,不允许再修改的变量。如:

```
const int SUCCESS = 0;
SUCCESS = 9;              //编译报错,因为 SUCCESS 为 const 常量,不能修改
```

2.1.5 变量

变量是存储数据值的容器。

C♯中变量必须先定义类型,然后才能对变量进行赋值、修改等操作。

【例 2-3】 使用变量前必须先定义类型。

```
int a;              //定义了一个 int(整数)类型的变量 a
a = 1;              //对 a 变量赋值 1,即把 1 放到 a 变量对应的内存中
double b = 2.3;     //定义 double(双精度浮点数)类型的变量 b,并赋值为 2.3
c = 5;              //编译会报错:事先并不存在 c 变量的定义
```

2.1.6　变量类型

变量和常量一样，有不同的数据类型，主要分为值类型（value types）和引用类型（reference types）两大类。

1. 值类型

值类型变量直接存储数据。针对不同精度、不同范围，可选择不同值类型。值类型如表 2-1 所示。

表 2-1　值类型一览表

关键字	描　述	范　围	默认值	例
byte	8 位无符号整数	$0\sim 2^8-1$	0	byte b＝255；
sbyte	8 位有符号整数	$-2^7\sim 2^7-1$	0	sbyte s＝127；
short	16 位有符号整数	$-2^{15}\sim 2^{15}-1$	0	short s＝32767；
ushort	16 位无符号整数	$0\sim 2^{16}-1$	0	ushort u＝65535；
int	32 位有符号整数	$-2^{31}\sim 2^{31}-1$	0	int i＝2147483647；
uint	32 位无符号整数	$0\sim 2^{32}-1$	0	uint u＝4294967295；
long	64 位有符号整数	$-2^{63}\sim 2^{63}-1$	0L	long a＝－4294967296L；
ulong	64 位无符号整数	$0\sim 2^{64}-1$	0L	ulong a＝4294967296L；
float	32 位单精度浮点数	$\pm 3.4\times 10^{-38}\sim 3.4\times 10^{38}$	0.0f	float p＝3.1415926f；
double	64 位双精度浮点数	$\pm 1.7\times 10^{-308}\sim 1.7\times 10^{308}$	0.0d	double d＝3.1415926535；
decimal	128 位精确数值	$\pm 1.0\times 10^{28}\sim 7.9\times 10^{28}$	0.0M	decimal m＝1234567890M；
char	16 位 Unicode 字符	'\u0000'～'\uffff'	\u0000	char c＝'c'；
bool	布尔值	true 或 false	false	bool b＝true；

（1）整数。

整数的常用类型为 byte、int、short、long，其中 int 尤为常用；uint、ushort、ulong 前面的 u 为 usigned（无符号）的缩写，所以最小值为 0；sbyte 的前缀 s 为 signed（有符号）的缩写，可含有负数，因此范围为 $-2^{31}\sim 2^{31}-1$。

（2）小数。

小数可用 float 和 double 类型表示，常用类型为 double。需要更高精度场合，如财务和货币运算时，可用 decimal 类型。

（3）布尔值和字符。

布尔值和字符也较为常用，布尔值常用在条件判断场合，而字符常出现在字符串中。

（4）其他值类型。

此外，值类型还包括枚举（enum）和结构（struct）。简单介绍如下：

① 枚举是一组命名整型常量。

声明枚举的一般语法：

```
enum <枚举名>
{
    枚举成员列表
};
```

【例 2-4】 枚举类型 Signal 的定义和使用。

```
enum Signal { RED, GREEN, YELLOW };
```

枚举变量的使用,如:

```
Signal color = Signal.RED;
```

② 结构用一个单一变量存储各种类型数据。
声明结构的一般语法:

```
struct <结构名>
{
    结构成员
};
```

【例 2-5】 结构类型 Person 的定义和使用。

```
struct Person
{
    public string Name;
    public int Age;
    public void print()
    {
        Console.WriteLine(Name + ":" + Age);
    }
}
```

结构的使用举例如下:

```
Person p = new Person();
p.Name = "张珊";
p.Age = 20;
p.print(); //张珊:20
```

2. 引用类型

引用类型存放的值是指向数据的引用,而非数据本身。类、接口和数组都是引用类型。这些类型将在后续章节进行学习,这里不详细展开。

2.1.7 类型转换

变量赋值或者变量参与表达式运算时,若产生类型不一致的情况,则需要进行数据类型的转换。类型转换可分为自动类型转换、强制类型转换和使用方法转换三种方式。

1. 自动类型转换

自动类型转换又称为隐式类型转换,是安全的转换,不会导致数据溢出。一般需同时满足两个条件:①数据类型兼容;②转换目标类型取值范围大于被转类型范围。

【例 2-6】 int 类型 a 变量值转换到 long 类型变量 b 中。

```
int a = 1;
long b = a;        //把 int 类型变量值转换到 long 类型变量中,发生自动转换,精度不会丢失
```

2. 强制类型转换

强制类型转换又称为显式类型转换。目标类型取值范围小于被转类型范围,需要强制转换运算符"(类型)"。强制转换不当会造成数据溢出问题。

一般语法:

```
目标类型 变量 = (目标类型)值;
```

【例 2-7】 强制类型转换: long 转换为 int。

```
long b = 1L;
int a = b;    //编译时出错,从大范围 long 类型值转换至小范围 int 变量中,无法进行自动类型转换
int a = (int)b;    //强制类型转换
```

以上"int a＝(int)b;"中的(int)就是显式告知系统,将数值强制类型转换为 int 类型。

3. 使用方法转换

类型如果相兼容,可以使用自动类型转换或者强制类型转换。但是,如果两个变量不兼容,例如在 string 和 int 之间转换,或者在 string 和 double 之间转换,就需要使用方法转换。

【例 2-8】 不兼容类型转换: string 转换为 int 的三种方法。

```
int a = int.Parse("123");        //将 string 转换为 int,若格式有问题则转换失败,会有异常
int b;
int.TryParse("123", out b);      //将 string 转换为 int, 若格式有问题则转换失败,会输出 0
int c = Convert.ToInt32("123b"); //将 string 转换为 int, 若格式有问题则转换失败,会有异常
```

上述三种转换方法中,建议使用 int.TryParse()方法,它不会产生异常问题。在无法转换时,返回值 0。若 string 转换为其他类型,可使用相应类型的 TryParse()方法,如:

```
double.TryParse("1.23", out d);   //将 string 转换为 double
```

那么其他类型转换为 string 呢? 其实很简单,多数类型都提供了 ToString()方法。

【例 2-9】 其他类型转换为 string: int 转换为 string。

```
int a = 1;
string str = a.ToString();
```

2.1.8 操作符

操作符又称为运算符,就是用来操作数据的符号。按照操作符的功能,操作符可以分为算术操作符、关系操作符、逻辑操作符、赋值操作符和条件操作符等。另外,按照操作数据的个数,操作符还可以分为一元操作符、二元操作符和三元操作符。

1. 算术操作符

算术操作符在数学表达式中用来描述数值间的运算规则,如表 2-2 所示。

表 2-2 算术操作符

操作符	描 述	表达式例子	结 果
＋	加法:两值相加	1＋2	3
－	减法:左值减去右值	3－2	1
＊	乘法:两值相乘	2＊3	6
/	除法:左值除以右值,返回整数	9/2	4
％	取余:左值除以右值的余数	9％2	1
＋＋	自增:操作数值增加 1	int cnt＝0;cnt＋＋;	1
－－	自减:操作数值减少 1	int cnt＝1;cnt－－;	0

－可作为单目操作符,放在数值或变量前,做正负取反操作。也就是说,正数变为负数,负数变为正数。例如,“int a＝1;Console.WriteLine(－a);”输出值为－1。

＋＋、－－会令操作数的值加 1 或减 1。对此,还需注意操作符放置前后位置对表达式结果的影响。

【例 2-10】 ＋＋放置前后位置对表达式结果的影响。

```
int i = 3;
int j = 3;
int k;
k = i++ * 2;        //k 的值为 6。i++ 表示表达式运算完成后,再给 i 加 1
k = ++j * 3;        //k 的值为 9。++j 表示先给 j 加 1,再进行表达式运算
```

注意,＋、－、＊、/四种操作符可用于浮点数计算,而求余“％”只能在整数之间运算。

2. 关系操作符

关系操作符用于判断两个操作数之间的关系,结果为 true 或 false,如表 2-3 所示。

表 2-3 关系操作符

操作符	描 述	表达式例子	结 果
＝＝	两个操作数的值是否相等	1＝＝2	false
!=	两个操作数的值是否不等	1!=2	true
>	左数值是否大于右数值	1>2	false
>=	左数值是否大于或等于右数值	1>=2	false
<	左数值是否小于右数值	1<2	true
<=	左数值是否小于或等于右数值	1<=2	true

【例 2-11】 关系操作符“>”。

```
int a = 3;
int b = 4;
Console.WriteLine(a > b);
```

结果:

```
false
```

3. 逻辑操作符

逻辑操作符又称为布尔运算符,于研究逻辑问题,结果为 true 或 false,如表 2-4 所示。

表 2-4　逻辑操作符

操作符	描　述	表达式例子	结　果
&&	与:仅两值为真时,结果为真	false&&true	false
||	或:任何一值为真时,结果为真	false||true	true
!	非:反转逻辑值	!true	false

【例 2-12】 逻辑取反"!"。

```
bool exist = false;
Console.WriteLine(!exist);
```

结果:

```
true
```

【例 2-13】 逻辑判断是否为男童。

```
int age = 5;
char sex = 'M';
bool isBoy = age <= 12 && sex == 'M';
Console.WriteLine(isBoy);
```

结果:

```
true
```

4. 赋值操作符

赋值操作符用以将右边运算结果赋值给左边变量,另外还有一些组合赋值操作符,如表 2-5 所示。

表 2-5　赋值操作符(假设 c=5)

操作符	描　述	表达式例子	结　果
=	简单赋值:将右值赋给左操作数	c=1+2	3
+=	加和赋值:左操作数和右值相加赋值给左操作数	c+=2	7
-=	减和赋值:左操作数和右值相减赋值给左操作数	c-=2	3
*=	乘和赋值:左操作数和右值相乘赋值给左操作数	c*=2	10
/=	除和赋值:左操作数和右值相除赋值给左操作数	c/=2	2
%=	取模赋值:左操作数和右值取模赋值给左操作数	c%=2	1

实际上,与位运算结合,赋值操作符还有<<=、>>=、&=、∧=、|=等,因为位运算对于初学者不常用,此处就不展开说明了。

【例2-14】 使用赋值操作符"+="追加值。

```
int a = 1;
a += 2;      //等同于a=a+2,故运算后a的值为3
Console.WriteLine(a);
```

结果:

```
3
```

5. 条件操作符

条件操作符"?:"又称为三元运算符(有三个操作数)。通过条件判断,决定哪个值应该赋值给变量。条件操作符使用形式为 cond ? t : f。其中,cond 表达式的结果为布尔类型,如果 cond 结果为 true 则返回结果为 t,否则返回结果为 f。

【例2-15】 用条件操作符"?:"获取两个变量中的较大数。

```
int m = 3;
int n = 4;
Console.WriteLine(m > n ? m : n);      //保证输出的结果为m和n中的较大数
```

结果:

```
4
```

对 m>n?m:n 分析如下:当条件 m>n 为真时返回结果为 m,为假时则返回结果为 n,这样保证了返回结果为 m 和 n 中的较大数。

6. 操作符优先级

操作符优先级决定表达式中操作数之间的"紧密"程度,即操作符计算的先后顺序。

【例2-16】 先乘除后加减。

```
int a = 1 + 2 * 3;      //先乘后加,所以a的结果为7
Console.WriteLine(a);
```

结果:

```
7
```

分析:表达式中出现相同优先级操作符时,操作符结合性可用于消除歧义。右结合性指表达式中最右边的操作先执行,然后从右到左依次执行。类似地,左结合性是从左至右依次执行。大多数操作符为左结合性,少数为右结合性。

【例 2-17】 除法操作符的左结合性。

```
int b = 100 / 10 / 5;      //先 100/10,结果为 10,再 10/5,结果为 2,所以 b 为 2
Console.WriteLine(b);
```

结果：

```
2
```

【例 2-18】 赋值操作符的右结合性。

```
int a = 1, b = 2, c = 3;
a = b = c;      //c 的值 3 先赋给 b,然后 b 值 3 再赋给 a,最终 a、b、c 的值都是 3
Console.WriteLine(a);
```

结果：

```
3
```

常见操作符的优先级和结合性，如表 2-6 所示。

表 2-6　常见操作符的优先级和结合性

操 作 符	优先级（由高到低）	结 合 性
[ ], ( )	1	
.	2	右
~,!,++,−−	3	右
*,/,%	4	左
+,−	5	左
>>,<<,>>>	6	左
<,<=,>,>=	7	左
==,!=	8	左
&	9	左
^	10	左
|	11	左
&&	12	左
||	13	左
?:	14	右
=	15	右

实际上，对于优先级仅需留意，不必硬记。在编程时，若有不清楚，通过加括号操作符"（）"提升优先级就可以了。有时加括号后，还能使代码看起来更清楚。

【例 2-19】 用括号操作符"（）"提升计算优先顺序。

```
int a = (1 + 2) * 3;      //"( )"提升计算优先顺序,所以先做 1 加 2,再乘以 3,a 为 9
Console.WriteLine(a);
```

结果:

```
9
```

2.2　语句流程的控制

除了顺序执行,程序经常需要进行条件判断、循环、跳转等。为此,C♯提供了 if、switch、while、do…while、for、foreach、break、continue、goto 等语句。

2.2.1　分支语句 if

1. if 语句的语法结构

```
if(条件语句)
{
    分支语句;      //条件满足时执行
}
```

如果满足条件时需执行多条语句,可把这些语句写在{ }中,在只有一条语句时,可省略{ },但建议加上{ }。

【例 2-20】　使用 if 语句,判断成绩若大于或等于 60 分,则输出"及格"。

```
int score = 80;
if (score >= 60)
{
    Console.WriteLine("及格");
}
```

2. if … else 语句的语法结构

```
if(条件语句)
{
    分支语句1;              //条件满足时执行
}
else
{
    分支语句2;              //条件不满足时执行
}
```

【例 2-21】　使用 if…else 语句,判断成绩为"及格"或"不及格"。

```
int score = 80;
if (score >= 60)
{
    Console.WriteLine("及格");
}
else
```

```
{
    Console.WriteLine("不及格");
}
```

3. else if 语句的语法结构

```
if(条件语句1)
{
    分支语句1;         //条件1满足时执行
}
else if(条件语句2)
{
    分支语句2;         //条件2满足时执行
}
…
else if(条件语句n)
{
    分支语句n;         //条件n满足时执行
}
else
{
    分支语句n+1;       //以上条件都不满足时执行
}
```

【例 2-22】 使用 if…else if…else 多分支语句，分段判断成绩。

```
int socre = 80;
if (socre >= 80)
{
    Console.WriteLine("优良");
}
else if (socre >= 60)
{
    Console.WriteLine("及格");
}
else
{
    Console.WriteLine("不及格");
}
```

2.2.2 分支语句 switch

switch 语句的语法结构。

```
switch(表达式)
{
    case 值1 : 语句1; [break;]
    case 值2 : 语句2; [break;]
    …
```

```
case 值 n : 语句 n; [break;]
    [default : 语句 default;]
}
```

上述结构先计算表达式的值,该值的类型可以为 char、byte、short、int、string 或 enum。
如果为值 1,则执行语句 1;如果为值 2,则执行语句 2;……;如果为值 n,则执行语句 n;如
果都不匹配,则执行 default 中的语句。关于 default 语句段,从语法角度可以省略,但实际
使用时一般都保留。分支中若有 break 语句,该 break 语句的作用是跳出 switch 整体结构。
若没有写 break 语句,则程序会继续执行下去,直到遇到 break 语句或者 switch 结构的"}"
才结束。

【例 2-23】 判断字符,输出"上、下、左、右、不明"。

```
char act = 'w';        //可以用 Console.ReadKey()从键盘输入字符 w(上)、s(下)、a(左)、d(右)
switch (act)
{
case 'w':
    Console.WriteLine("上");
    break;
case 's':
    Console.WriteLine("下");
    break;
case 'a':
    Console.WriteLine("左");
    break;
case 'd':
    Console.WriteLine("右");
    break;
default:
    Console.WriteLine("不明");
    break;
}
```

上述代码的业务逻辑是:若 act 的值为'w',则先执行"Console.WriteLine("上");",然
后通过 break 语句跳出 switch 语句。若此时没有 break 语句,则编译时会报错"控制不能从
一个 case 标签贯穿到另一个 case 标签"。若"case 'w':"后不加任何语句,则会贯穿到下方
case 语句中,执行下方 case 中的"Console.WriteLine("下");"语句。

2.2.3 循环语句 while

循环语句实现了一种反复执行某段代码的流程结构。循环语句包括 while、do while、
for、foreach,经常和跳转语句 break 或继续语句 continue 联用。

while 语句的语法结构:

```
while(条件语句)
{
    循环体语句;        //当满足条件时执行,执行完后跳至条件语句
}
```

上述结构先判断条件语句的值,如果为 true,则执行循环体;再判断条件语句的值,重复以上步骤,直到条件语句的值为 false,跳出当前 while 结构体。

【例 2-24】 使用 while 语句求 1+2+3+ ⋯ +99+100。

```
int sum = 0;
int i = 1;
while (i <= 100)
{
    sum += i;
    i++;
}
Console.WriteLine(sum);
```

结果:

```
5050
```

2.2.4 循环语句 do…while

do…while 语句的语法结构:

```
do
{
    循环体语句;                //执行完后跳至条件语句
} while(条件语句);             //当满足条件时再次执行循环体语句
```

上述结构先执行循环体语句;然后判断条件语句的值,如果为 true,再次执行循环体;重复以上步骤,直到条件语句的值为 false,跳出当前 do…while 结构体。

与 while 循环不同,do…while 循环先执行循环,再判断条件,条件满足时继续循环,所以循环体至少执行一次。

【例 2-25】 使用 do…while 语句求 1+2+3+ ⋯ +99+100。

```
int sum = 0;
int i = 1;
do
{
    sum += i;
    i++;
} while (i <= 100);
Console.WriteLine(sum);
```

结果:

```
5050
```

2.2.5 循环语句 for

与 while 和 do…while 语句相比,for 语句更为灵活。

for 语句的语法结构：

```
for(初始化语句;条件语句;条件更新语句)
{
    循环体语句;
}
```

上述结构先执行初始化语句,它的作用是初始化循环变量；然后判断条件语句的值,如果为 true,则执行循环体语句和条件更新语句；再判断此刻条件语句的值,重复以上步骤,直到条件语句的值为 false,跳出当前 for 语句。

【例 2-26】 使用 for 语句求 $1+2+3+\cdots+99+100$。

```
int sum = 0;
for (int i = 1; i <= 100; i++)
{
    sum += i;
}
Console.WriteLine(sum);
```

结果：

```
5050
```

注意,初始化语句可以没有,也可以有多个,多个时用逗号分隔；条件语句也可以没有,默认条件值为 true；条件更新语句可以没有,也可以有多个,多个时用逗号分隔。极端例子如下：

```
for(;;)
{
    循环语句;
}
```

实际上等同于：

```
while(true)
{
    循环体语句;
}
```

2.2.6 循环语句 foreach

foreach 语句主要用于快速遍历数组或集合中的元素(有关数组和集合后续章节具体介绍)。
foreach 语句的语法结构：

```
foreach (声明元素变量 in 数组或集合变量)
{
    循环体语句(遍历);
}
```

【例 2-27】 使用 foreach 语句，对数组成绩求和。

```
int[] scores = { 78, 89, 76, 45, 65, 54 };      //存放成绩的整型数组
int sum = 0;
foreach (int score in scores)                   //遍历 scores 数组中每个元素并放入 score 中
{
    sum += score;
}
Console.WriteLine(sum);
```

结果：

```
407
```

2.2.7 break、continue、goto

1. break 语句

break 语句可在 switch 语句和各种循环语句中使用，目的是跳出整个结构体。

【例 2-28】 使用 break 语句，当数组中有不及格成绩时，跳出循环体。

```
int[] scores = { 78, 89, 76, 65, 54, 45 };
foreach (int score in scores)
{
    if (score < 60)
    {
      Console.WriteLine("有不及格分数");
      break;
    }
}
```

以上加 break 语句的逻辑是：只要找到一个不及格分数，就不必再遍历了，直接跳出循环结构体。

2. continue 语句

continue 语句在各种循环语句中使用，目的是跳出当前的一次执行，而不是跳出整个循环结构体。

【例 2-29】 使用 continue 语句，剔除不及格分数，并求和。

```
int[] scores = { 78, 89, 76, 65, 54, 45 };
int sum = 0;
foreach (int score in scores)
{
    if (score < 60)
    {
        continue;
    }
    sum += score;
```

```
    }
    Console.WriteLine(sum);
```

结果：

```
308
```

以上加 continue 语句的逻辑是：遇到不及格成绩，进行下次循环即可，忽略 sum +=
score，即不及格分数不加入总分中。

3. goto 语句

goto 语句用的很少，用以跳转到指定标签处执行代码。

【例 2-30】 使用 goto 语句，从[1,30]中获取 6 个不重复的幸运数字。

```
Random rand = new Random();        //创建随机数发生器 rand
int[] lucks = new int[6];          //lucks 中存放 6 个幸运数字,默认为 0
int luck;
for(int i = 0; i < lucks.Length; i++)
{
    getLuck:
    luck = rand.Next(1, 31);       //获得[1,31)中的随机整数
    if(Array.IndexOf(lucks, luck) < 0)   //lucks 中不存在该 luck 值
    {
        lucks[i] = luck;
    }
    else                           //lucks 中存在该 luck 值,不应该迭代,应继续再取一次随机数
    {
        goto getLuck;              //使用 goto 跳转到 getLuck 标签处执行,不执行 i++
    }
}
foreach (int num in lucks)
    Console.Write(num + "\t");     //15 7 13 18 3 26
```

以上代码可用在抽奖场合。代码中出现的 Random 类、数组及其使用，后续章节会介
绍，此处了解即可。

2.3   数   组

数组是用来存储同类型元素的。假设要存放 50 个成绩，可以声明 50 个变量来处理：

```
int score1,score2,…,socre50;
```

显然太烦琐了，实际上用数组变量来代替要简洁得多，如：

```
int[] scores = new int[50];
```

2.3.1　数组的声明

必须先声明数组变量，才能在程序中使用数组。

声明数组变量的语法：

```
类型[ ] 数组变量名;
```

代码示例：

```
int[] scores;
```

2.3.2　数组的创建

创建数组用 new 关键字，并指定存放元素的个数。其语法结构如下：

```
数组变量名 = new 数组类型[元素个数];
```

【注意】　数组一旦创建，元素个数不可变。代码示例：

```
scores = new int[50];
```

数组的声明和创建可用一条语句完成。代码示例：

```
int[] scores = new int[50];
```

2.3.3　数组元素的访问、遍历

可通过数组下标访问元素，对元素值进行存取。

【例 2-31】　通过下标访问数组元素，做赋值或取值操作。

```
int[] scores = new int[5];
scores[0] = 67;                 //通过下标 0 对 scores 数组中首个元素赋值
scores[1] = 78;
Console.WriteLine(scores[1]);   //78, 通过下标获取 scores 数组中特定位置的元素值
```

此外，也可以在声明时对数组元素赋值。代码示例：

```
int[] scores = { 67, 78, 89, 99, 98 };
```

【注意】　元素下标从 0 开始，到元素个数−1 结束。不正确的访问会造成数组下标越界异常的发生。

【例 2-32】　数组下标越界异常。

```
int[] scores = { 78, 89, 76, 65, 54, 45 };
Console.WriteLine(scores[6]);   //产生 IndexOutOfRangeException 异常
```

运行时会抛出下标越界操作异常：

```
System.IndexOutOfRangeException:"Index was outside the bounds of the array."
```

有两种常见遍历数组元素方式：下标方式和 foreach 方式。

【例 2-33】 下标方式遍历成绩数组元素。

```
int[] scores = { 78, 89, 76, 65, 54, 45 };
for (int i = 0; i < scores.Length; i++)
{
    Console.Write(scores[i] + "\t");        //\t 即 Tab 键,作用是加入多个空格
}
```

结果：

```
78  89  76  65  54  45
```

以上下标 i 从 0 开始,最大值为 scores.Length-1,其中数组.Length 的作用就是获取元素个数。

【例 2-34】 foreach 方式遍历成绩数组元素。

```
int[] scores = { 78, 89, 76, 65, 54, 45 };
foreach (int score in scores)
{
    Console.Write(score + "\t");
}
```

结果：

```
78  89  76  65  54  45
```

以上 foreach 语句中,foreach (int score in scores)可理解为依次从 scores 数组中取出每个元素的值复制给 score 变量,这样读 score 值即读取每个元素的值。因为是复制,所以 foreach 获得的元素值是只读的,此处的 score 变量不允许被修改。

2.3.4 数组元素的排序

C#已内置了排序功能,无须再写编码实现冒泡排序、插入排序和快速排序等算法。只需调用 System.Array 类的 Sort()方法就可排序。

【例 2-35】 利用 Array.Sort()方法进行成绩排序。

```
int[] scores = { 78, 89, 76, 65, 54, 45 };
Array.Sort(scores);        //对 scores 数组中元素进行由小到大排序
foreach (int score in scores)
{
    Console.Write(score + "\t");
}
```

结果:

```
45   54   65   76   78   89
```

2.3.5 交错数组和多维数组

C#中多维度数组分两种:交错数组和多维数组。

1. 交错数组

交错数组又称为锯齿数组,可以看成是数组的数组。例如二维度数组就是一个特殊的一维数组,其每个元素都是一个一维数组。

【例 2-36】 交错数组的创建与赋值。

```
int[][] ary2d = new int[2][];        //创建一维数组,元素为 int[]类型,个数为 2
ary2d[0] = new int[] { 1, 3 };       //第 0 个元素是 int[],放入 2 个元素
ary2d[1] = new int[] { 2, 6, 8};     //第 1 个元素是 int[],放入 3 个元素
```

【例 2-37】 对交错数组元素直接赋值。

```
int[][] ary2d = {
    new int[]{1,3},
    new int[]{2,6}
};
```

遍历交错数组元素也有两种方式:下标方式和 foreach 方式。

【例 2-38】 下标方式遍历交错数组元素。

```
for (int row = 0; row < ary2d.Length; row++)      //先看成一维数组遍历
{
    //对于每个 ary2d[row]元素又是一维数组,再遍历
    for (int col = 0; col < ary2d[row].Length; col++)
    {
        Console.Write(ary2d[row][col] + "\t");
    }
    Console.WriteLine();
}
```

结果:

```
1   3
2   6   8
```

【例 2-39】 foreach 方式遍历交错数组元素。

```
foreach (int[] ary in ary2d)
{
    foreach (int el in ary)
```

```
    {
        Console.Write(el + "\t");
    }
    Console.WriteLine();
}
```

结果:

```
1  3
2  6  8
```

2. 多维数组

多维数组又称为矩形数组,是更为常用的数组。其各维度上元素个数总是相同的。

【例 2-40】 多维数组的声明和元素赋值。

```
int[,] ary2d =              //[,] 声明的是多维数组(二维)
{
    {1,3},                  //不用 new int{}形式
    {2,6}                   //此时行上的元素个数必须相同
};
```

[,]写法就说明各维度上元素个数应该相同。

遍历多维数组元素也有两种方式:下标方式和 foreach 方式。

【例 2-41】 下标方式遍历多维数组元素。

```
for (int r = 0; r < ary2d.GetLength(0); r++)     //GetLength(0)为第 0 维上元素的个数
{
    for(int c = 0;c < ary2d.GetLength(1);c++)    //GetLength(1)为第 1 维上元素的个数
    {
        Console.Write(ary2d[row,col] + "\t");
    }
    Console.WriteLine();
}
```

注意,多维数组用 GetLength()方法获取各维度上元素的个数。

【例 2-42】 foreach 方式遍历多维数组元素。

```
foreach(int elem in ary2d)
{
Console.Write(elem + "\t");     //1  3  2  6
}
```

相比交错数组元素遍历,这里的多维数组遍历只需要一个 foreach 语句。

2.3.6 可变参数

为了简化调用代码,方法的最后一个参数为数组时,可以使用可变参数来替代。

可变参数的声明格式:

```
params 类型名称[] 数组名称
```

【例 2-43】 定义数组参数及数组参数方法的调用。

```
static int Sum(int[] eles)          //数组形式的参数
{
    int sum = 0;
    foreach (int ele in eles)
    {
        sum += ele;
    }
    return sum;
}
```

数组参数方法的调用:

```
int[] eles = { 67, 78, 89, 90 };      //数组实际参数值
int sum = Sum(eles);
Console.WriteLine(sum);               //324
```

注意,以上 Sum(int[] eles)方法定义的参数为数组,调用时的参数值也是数组。

另外,这里出现了 return 关键字,其作用为返回方法的值,方法内其他语句将不再执行。若 return 后没有值,则说明方法的返回类型为 void,即无返回值。

【例 2-44】 可变参数方法,及参数方法的调用。

```
static int Sum(params int[] eles)     //可变参数的形参
{
    int sum = 0;
    foreach (int ele in eles)
    {
        sum += ele;
    }
    return sum;
}
```

可变参数方法的调用:

```
int sum = Sum(67, 78, 89, 90);        //直接传入数组的元素
Console.WriteLine(sum);               //324
```

显然,采用可变参数,调用方法的代码得以简化。

2.4 项目案例——中国古代数学,成就辉煌

谈起古代数学,总会想起古希腊欧几里得的名著《几何原本》。而实际上,中国的《周髀算经》《九章算术》《缉古算经》等同样经典,尤其是《九章算术》,更以其算法实用性闻名世界。

中国古代数学的一些发展成果可谓惊艳,足以让人感到自豪:二进制的思想起源(周易)早于西方2000年;几何思想起源(战国《墨经》)早于西方100多年;勾股定理(西周人商高)早于西方550年;幻方(《论语》《书经》)早于西方600年;分数运算及小数使用(公元一世纪《九章算术》)领先世界500年,方程算法(《九章算术》)领先世界600年;祖冲之的圆周率保持精确记录约千年……

本项目案例将撷取4道古代数学趣题。通过对解题过程的思考和代码的实现,提升条件、循环、循环嵌套、数组、二维数组等方面的实践编程技能。

2.4.1 项目一:求解《九章算术》盈不足之共买物

项目说明:《九章算术》共246个问题,在古代以各种方式传播到世界各地,从而大大促进了世界数学的发展。《九章算术》第七章有题:"今有共买物,人出八,盈三;人出七,不足四,问人数、物价几何?"译文:"几个人一起去购买某物品,如果每人出8钱,则多了3钱;如果每个人出7钱,则少了4钱。问有多少人?物品的价格又是多少?"

此题用方程组可求解。但请使用学过的分支、循环语句进行求解。

项目实现步骤:

(1)创建一个控制台应用,具体过程参见1.5.1节。

(2)在"代码编辑"窗口中,找到Main()方法,在该方法内编写代码如下。

```csharp
using System;
namespace ConsoleApp1
{
  class Program
  {
    static void Main(string[] args)
    {
      for (int person = 1; person < 1000; person++)
      {
        //price1 = person * 8 - 3;              //人出八,盈三
        //price2 = person * 7 + 4;              //人出七,不足四
        if (person * 8 - 3 == person * 7 + 4)   //两种情况价格相同
        {
          Console.WriteLine("人数为: " + person);
          Console.WriteLine("价格为: " + (person * 8 - 3));
          break;
        }
      }
      Console.ReadLine();
    }
  }
}
```

(3)单击"启动"按钮或按F5键,弹出控制台窗口并显示结果:"人数为:7 价格为:53",如图2-1所示。

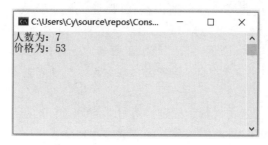

图 2-1　控制台窗口显示结果

项目小结：

（1）高效求解问题答案，使用控制台应用即可；同时，记住 Main()方法为程序入口，解决问题的代码应写入 Main()方法中。

（2）逐渐掌握分析和解决问题的能力。本案例项目问题可用拆解法处理。处理过程拆解为两部分：第一部分是穷举人数的可能性；第二部分是给定人数情况下判断两种价格是否相同，相同即找到了正确人数，同时价格也找到了。

（3）要理解各种流程控制语句的特点，利用不同语句的作用来解决问题。

① 使用循环语句可以穷举各种可能性。本案例项目中，使用 for 语句穷举人数的各种可能。

```
for (int person = 1; person < 1000; person++)
{
    //person ...
}
```

② 条件语句可用于判断条件的真假。本案例项目中，可用 if 语句来判断"盈"和"不足"两种情况下物品价格是否相同，结果为真就得到了所求人数。

```
if (person * 8 - 3 == person * 7 + 4)        //两种情况价格相同
{
    //得到了人数 person,则价格 price = person * 8 - 3
}
```

以上通过 for 循环中内嵌 if 语句，就得到了本案例项目所需结果。

2.4.2　项目二：求解《丘建算经》百鸡问题

项目说明：《丘建算经》约著于公元 5 世纪，现传本有 92 问，比较突出的成就有：最大公约数与最小公倍数的计算、各种等差数列问题的解决、某些不定方程问题求解等。百鸡问题是《邱建算经》中的一个世界著名的不定方程问题，它给出了由三个未知量的两个方程组成的不定方程组的解。百鸡问题是："今有鸡翁一，值钱五；鸡母一，值钱三；鸡雏三，值钱一。凡百钱，买鸡百只，问鸡翁、母、雏各几何？"译文："5 个钱可买一只公鸡，3 个钱可买一只母鸡，1 个钱可买三只小鸡，今用 100 个钱，正好买了 100 只鸡。问其中公鸡、母鸡、小鸡各几只？"。

同样不要使用方程式,使用 C♯ 程序来解决该问题。

提示:使用循环嵌套。

项目实现步骤:

(1) 创建一个控制台应用,具体过程参见 1.5.1 节。

(2) 在"代码编辑"窗口中,找到 Main() 方法,在该方法内编写代码如下:

```csharp
using System;
namespace ConsoleApp2
{
    class Program
    {
        static void Main(string[] args)
        {
            for(int cook = 0; cook <= 20; cook++)
            {
                for(int hen = 0; hen <= 33; hen++)
                {
                    //chicken = 100 - cook - hen 小鸡数
                    if(cook * 5 + hen * 3 + (100 - cook - hen)/3.0 == 100)
                    {
                        Console.Write("公鸡数:" + cook);
                        Console.Write(",母鸡数:" + hen);
                        Console.WriteLine(",小鸡数:" + (100 - cook - hen));
                    }
                }
            }
            Console.ReadLine();
        }
    }
}
```

(3) 单击"启动"按钮或按 F5 键,弹出控制台窗口并显示 4 种结果,如图 2-2 所示。

图 2-2　控制台窗口显示结果

项目小结:

(1) 解题思路依然是分步拆解处理。

第一步,先穷举公鸡数、母鸡数和小鸡数的所有可能组合,这类操作应该考虑用 for 语句嵌套;第二步,进行满足条件判断,即可得到结果。

(2) 利用各种流程控制语句的特点来解决问题。

① 使用 for 循环语句可以穷举各种可能性。

本案例项目中,可以使用三重 for 语句穷举公鸡数、母鸡数和小鸡数的所有可能组合:

```
for (int cook = 0; cook <= 20; cook++)
{
    for (int hen = 0; hen <= 33; hen++)
    {
        for(int chicken = 0; chicken <= 100 ;chicken++)
        {
            //做条件判断:百鸡百钱,获取可能组合数
        }
    }
}
```

② 使用 if 语句进行判断。

```
//做条件判断:百鸡百钱,获取可能组合数
if ( cook + hen + chicken == 100                        //百鸡
    && cook * 5 + hen * 3 + chicken/3.0 == 100 )        //百钱
{
    Console.Write("公鸡数: " + cook);
    Console.Write(",母鸡数: " + hen);
}
```

以上将 if 判断放入最内层 for 循环中,就可获得所需答案。

(3) 解题有时需要考虑效率上的优劣。

用 for 三重循环解题时,内部条件判断操作的次数有 $21 \times 32 \times 101$ 次,即 67 872 次。是否可以优化? 显然是可以的。实际上小鸡的数量可表示为 $100 - cook - hen$,此时少了一个最内层 for 循环语句,条件判断操作次数下降到了 21×32 次,即 672 次,约为原来的 1%。

(4) 注意表达式中数据类型的选择。

案例项目中有代码 $(100 - cook - hen)/3.0$,可否考虑改为 $(100 - cook - hen)/3$? 测试会发现有 7 种组合结果,显然是有问题的。

分析其原因:除号左边为整数,若除以整数 3,结果为整数,会造成不符合要求的数值"混入"。例如,公鸡数 7、母鸡数 13 和小鸡数 80。因为 80/3 结果为 26,所以在满足百鸡条件情况下,也"满足"了百钱要求($7 \times 5 + 13 \times 3 + 80/3 = 35 + 39 + 26 = 100$)。若采用除以小数 3.0,则可规避该问题。

2.4.3 项目三:求解斐波那契数列

项目说明:斐波那契数列(Fibonacci sequence)于 1202 年以兔子繁殖为例子而引入,故又称为"兔子数列"。它指的是这样一个数列:0、1、1、2、3、5、8、13、21、34……在数学上递推定义为:$F(0)=0$,$F(1)=1$,$F(n)=F(n-1)+F(n-2)$($n \geqslant 2, n \in N$)。在现代物理、准晶体结构、化学等领域,斐波那契数列都有直接的应用。

实际上,已有研究表明,斐波那契的数学成就中的有些内容取材于东方素材。如斐波那契处理比例问题的方法"之字变换法",就和我国古代《九章算术》的"今有术"非常类似。

请编写程序,用一个数组保存斐波那契数列前 20 个值。

项目实现步骤:

(1) 创建一个控制台应用,具体过程参见 1.5.1 节。

(2) 在"代码编辑"窗口中,找到 Main()方法,在该方法内编写代码如下。

```csharp
using System;
namespace ConsoleApp3
{
    class Program
    {
        static void Main(string[] args)
        {
            //创建数组和初始 0、1 元素
            int[] fib = new int[20];
            fib[0] = 0;
            fib[1] = 1;
            //求剩下元素值
            for(int i = 2; i < fib.Length; i++)
            {
                fib[i] = fib[i - 1] + fib[i - 2];        //后一项为前两项之和
            }
            //显示结果
            for (int i = 0; i < fib.Length; i++)
            {
                Console.Write(fib[i] + " ");
            }
            Console.ReadLine();
        }
    }
}
```

(3) 单击"启动"按钮或按 F5 键,弹出控制台窗口并显示结果,如图 2-3 所示。

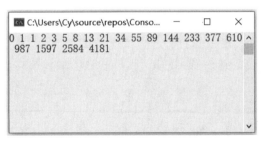

图 2-3　控制台窗口显示结果

项目小结:解题可以有不同思路,本案例项目斐波那契数列解题的思路就有多种。

(1) 第一种是使用数组。

创建一个数组,初始存放下标 0 和下标 1 的值为 0 和 1,从下标 2 开始的后项,则用前两个下标对应元素之和即可。本案例项目的代码实现,就是使用了这种思路。

(2) 第二种是设置代表相对位置的 a、b、c 三个变量。

初始令 a＝0、b＝1,后项 c 为前两项之和,即 c＝a+b。接着,通过循环语句反复让 a＝b、b＝c、c＝a+b 即可。

示例代码:

```
int a = 0, b = 1, c = a + b;
Console.Write(a + " " + b + " " + c + " ");
for(int i = 3;i < 20;i++)
{
    a = b;
    b = c;
    c = a + b;
    Console.Write(c + " ");
}
```

（3）第三种是用递归方法。

定义一个按位置返回斐波那契数列值的方法 int f(int n),其中 n 为位置,当 n<=1 时返回 n,n 为其他值时返回 f(n−2)+f(n−1)。具体代码参见 3.2.4 节递归部分知识。

2.4.4 项目四：数字古诗的保存和输出

项目说明：当诗词遇到数学,真是感性与理性的融合。杂数诗是诗歌的一种体裁。有以数字为题目的,有以数字嵌入诗句的,类似文字游戏。明代状元伦文叙有《百鸟归巢图》一诗:

归来一只复一只,

三四五六七八只。

凤凰何少鸟何多,

啄尽人间千石食。

此篇题目为何是百鸟？诗中自有答案。两个一、三个四、五个六、七个八之和即为百（1+1+3×4+5×6+7×8＝100）。

请编写程序,将以上 4 行语句用二维数组保存,再分别以横向和纵向输出。

项目实现步骤:

（1）创建一个控制台应用,具体过程参见 1.5.1 节。

（2）在"代码编辑"窗口中,找到 Main()方法,在该方法内编写代码如下。

```
using System;
namespace ConsoleApp4
{
    class Program
    {
        static void Main(string[] args)
        {
            //创建和初始字符元素:4行,每行 7 字
            char[ , ] chars =
            {
                { '归','来','一','只','复','一','只'},
```

```
                { '三','四','五','六','七','八','只' },
                { '凤','凰','何','少','鸟','何','多' },
                { '啄','尽','人','间','千','石','食' }
            };
            //横向显示
            Console.WriteLine("(横向显示)");
            for(int row = 0; row < chars.GetLength(0); row++)
            {
                for(int col = 0; col < chars.GetLength(1); col++)
                {
                    Console.Write(chars[row, col]);          //显示每个字符
                }
                Console.WriteLine();                         //换行
            }
            //纵向显示
            Console.WriteLine("\r\n(纵向显示)");
            for (int row = 0; row < chars.GetLength(1); row++)
            {
                for (int col = 0; col < chars.GetLength(0); col++)
                {
                    Console.Write(chars[col,row] + " ");     //显示每个字符
                }
                Console.WriteLine();                         //换行
            }
            Console.ReadLine();
        }
    }
}
```

（3）单击"启动"按钮或按 F5 键，弹出控制台窗口并显示结果，如图 2-4 所示。

图 2-4   控制台窗口显示结果

项目小结：

（1）选择合适的存储结构，有利于问题的解决。

本案例项目采用了二维数组存储古诗的每个字符，相比直接用字符串方式存储，更有利

C#基础语法

于纵向显示。具体实现思路分析如下:

① 用 char 类型二维数组,存放古诗的每个字符。参见案例项目代码中 chars 的定义。

② 二维数组存放字符后,很容易用 for 语句循环嵌套完成横向输出:用 row 变量代表行,col 变量代表列。外循环 for 语句遍历行值,内循环 for 遍历列值,从而得到行列上的字符,并做输出即可。当然,在换行时,需加上换行打印操作"Console.WriteLine();"。

③ 同样,用 for 语句循环嵌套,将行列互换,即行变列、列变行,就能实现纵向显示。

以上横向和纵向输出的具体实现,参见案例项目代码。

(2)古诗显示顺序若要从右往左显示,可通过观察找到规则,再用代码实现。

注意,案例项目中,古诗显示顺序为从左往右纵向显示,若要实现从右往左显示,可通过观察字符位置的改变规则,获得如下新的行列组合:

```
[行3列0]   [行2列0]   [行1列0]   [行0列0]
[行3列1]   [行2列1]   [行1列1]   [行0列1]
//... 其他4行
[行3列6]   [行2列6]   [行1列6]   [行0列6]
```

找到了规则,编号代码就比较容易了,做如下修改:

```
for (int col = 0; col < chars.GetLength(1); col++)
{
    for (int row = chars.GetLength(0) - 1; row >= 0; row-- )
    {
        Console.Write(chars[row, col] + " ");          //显示每个字符
    }
    Console.WriteLine();                               //换行
}
```

重新运行程序,可看到从右往左的纵向显示结果,如图 2-5 所示。

图 2-5　从右往左的纵向显示结果

第 3 章　面向对象编程

学完基础语法,就具备了一定的"面向过程"编程能力。简单项目用面向过程的方式就可以了。但复杂项目,问题就突显出来了——代码很难调试、维护和阅读。

为此,针对复杂项目的要求,人们逐步总结出一套分析和解决编程问题的方法——面向对象编程(Object-Oriented Programming,OOP)模式。

面向对象编程不是高深的理论,同时也不是放弃面向过程。简单理解一下,面向对象编程是一种通过对象的方式把现实世界映射到计算机模型的一种编程方法。

如何学习面向对象编程?

(1) 对面向对象编程的基础概念有一定的理解。

(2) 学习编写基本的面向对象结构:类、对象(又称为实例)、方法。

(3) 进一步理解面向对象的三大特征:封装、继承、多态。

(4) 在实践中,逐步掌握面向对象的代码编写规则,进而学会复杂项目的面向对象开发技能。

3.1　面向对象编程基础

对象就是现实中的实体;类就是现实中的分类。

例如,现在要实现一个通讯录。班里有章珊、李思等同学,同学就是类,而章珊和李思就是对象。

从通讯录需求出发,需要章珊和李思等实体提供具体属性信息:姓名、性别、住址、手机号。此外,章珊、李思的住址和手机号会发生变化,这相当于实体的行为,该行为能引起住址和手机号属性值的变化。

章珊实体可标记为:

```
同学　章珊 { 姓名: "章珊"; 性别: "女"; 住址: "北京市海淀区双清路 30 号"; 手机号:
"13901820560"; 改地址(新地址); 改手机(新手机号); }
```

李思实体可标记为:

```
同学　李思 { 姓名: "李思"; 性别: "男"; 住址:"上海市杨浦区邯郸路 220 号"; 手机号:
"13724929023"; 改地址(新地址); 改手机(新手机号); }
```

这里的姓名、性别、住址、手机号就可看成对象的属性,其具体信息就是对象的属性值。

同学章珊和同学李思,显然同属类别"同学",这样一个同学类别就形成了,即

类别 同学{ 姓名; 性别; 住址; 手机号; 改地址(新地址); 改手机(新手机号); .}

3.1.1 第一个类的定义和对象

通过对通讯录的分析,现实世界的实体章珊和李思,抽象为同学这种类别。那么,如何映射到C♯面向对象编程世界来表达同学分类? 可定义同学类结构 class Mate。

【例 3-1】 定义同学类结构。

```
class Mate                              //分类:同学
{
  public String name;                   //成员:属性姓名(实为成员变量,C♯属性后续讲解)
  public char sex;                      //成员:属性性别
  public String addr;                   //成员:属性住址
  public String mobile;                 //成员:属性手机号
  public void ChangeAddr(String newAddr)  //成员:行为方法——改地址
  {
    addr = newAddr;
  }
  public void ChangeMobile(String newMobile)   //成员:行为方法——改手机号
  {
    mobile = newMobile;
  }
}
```

对象是类的实例,如何得到C♯的章珊和李思? 创建同学类的对象就可。

【例 3-2】 创建同学类的对象。

```
Mate zhangSan = new Mate(); //zhangSan 是定义 Mate 类型的变量
Mate liSi = new Mate();
```

如何将属性值赋予章珊和李思? 用成员操作符"."获取属性后,进行赋值即可。

【例 3-3】 对章珊和李思对象的属性进行赋值。

```
zhangSan.name = "章珊";
zhangSan.sex = '女';
zhangSan.addr = "北京市海淀区双清路 30 号";
zhangSan.mobile = "13901820560";
liSi.name = "李思";
liSi.sex = '男';
liSi.addr = "上海市杨浦区邯郸路 220 号";
liSi.mobile = "13724929023";
```

如何调用章珊和李思对象的行为方法? 同样使用成员操作符"."调用即可。

【例 3-4】 调用章珊和李思对象的行为方法。

```
zhangSan.ChangeAddr("北京市海淀区双清路 30 号");
zhangSan.ChangeMobile("13901820560");
liSi.ChangeAddr("上海市杨浦区邯郸路 220 号");
liSi.ChangeMobile("13724929023");
```

通过上面通讯录的例子可以看出：类是对现实中存在对象的描述，同属相同类的对象都具有共同的属性和行为。但是，根据不同的系统需求，同样的一种对象会被描述成具有不同属性和行为的类。例如客户类，对于银行系统，客户类应该具有账号、账户余额的属性和存钱、取钱的行为；而对于电信系统，客户类应该具有手机号、卡内余额的属性和充费、扣费的行为。因此，编写代码时要注意确认类的定义和它所封装的行为是否能够正确地反映出实际系统的需求。

3.1.2 类的成员变量

成员变量又称为字段或实例变量，它定义在类中，用于描述对象的特征。描述类的静态特征的成员变量称为静态变量。实例变量必须先创建对象方能使用；静态变量无须创建对象，通过类名直接调用。

实例变量定义格式：

```
[修饰符] 类型 成员变量名 [ = 默认值];
```

静态变量定义格式：

```
[修饰符] static 类型 成员变量名 [ = 默认值];
```

【例 3-5】 实例变量示例。

```
class Student                        //定义 Student 类，内部为不同类型实例变量
{
    public string name;              //实例成员：姓名
    public int number;               //实例成员：学号
    public char sex;                 //实例成员：性别
    public double height;            //实例成员：身高
    public bool onCampus;            //实例成员：在校否
}
```

运行代码：

```
Student zs = new Student();          //创建对象
//实例成员，创建对象后方能调用
Console.WriteLine(zs.name);          //默认值为 null
Console.WriteLine(zs.number);        //默认值为 0
Console.WriteLine(zs.sex);           //默认值不见，实际为\u0000
Console.WriteLine(zs.height);        //默认值为 0.0
Console.WriteLine(zs.onCampus);      //默认值为 false
```

结果:

```
        //null, 控制台不见
0
        //\u0000, 控制台不见
0.0
false
```

可见,在定义成员变量时,若不进行初始化,C#使用默认的值对其初始化。初始化值可参考表 2-1。若是引用类型,则值为 null。

【例 3-6】 静态变量示例。

```
class Mathematics                    //定义 Mathematics 类,内部为静态变量
{
    public static double PI = 3.14;        //静态成员
}
```

静态成员通过"类名.成员"方式就可直接调用:

```
Console.WriteLine(Mathematics.PI);
```

结果:

```
3.14
```

局部变量和成员变量的区别:不同于成员变量,局部变量就是放在方法内部的变量。当然,方法参数出现在方法内部,所以也是局部变量。局部变量在方法调用时创建;方法调用结束时,局部变量生命周期结束,就不可再调用了。

3.1.3 类的属性

前面学习成员变量时,可能发现,成员变量(字段)赋值时不能被有效控制。如学生的身高 height 被赋值-1.8,显然逻辑不当,但语法能通过,最后会造成后期计算平均身高不精确等问题。对此,C#中使用属性(property)来处理。

属性可认为是成员变量的扩展,使用访问器(accessors)让私有成员变量的值可被外部代码进行读(get)、写(set)操作。

属性语法格式:

```
public 属性类型 属性名
{
    get { 返回属性值 }
    set { 设置隐式参数 value 给属性值 }
}
```

若无额外逻辑,可简写为自动属性,即去除"{ }",直接在 set 和 get 后加分号";"结束,语法格式如下:

```
public 属性类型 属性名 { get; set; }
```

【例 3-7】 属性定义及使用示例。

```
class Emp
{
    public string Name { get; set; }              //自动属性
    private int _Age;                             //成员变量
    public int Age                                //读写属性
    {
        get                                       //读属性
        {
            return _Age;
        }
        set                                       //写属性,含验证逻辑
        {
            if (value <= 0 || value >= 120)
            {
                throw new ApplicationException("年龄值不符合范围");
            }
            else
                _Age = value;
        }
    }
}
```

使用属性,如下:

```
Emp emp = new Emp();
emp.Name = "章珊";                    //调用属性 set
Console.WriteLine(emp.Name);          //调用属性 get
emp.Age = -1;                         //会抛出 ApplicationException 异常,然后程序中断
```

如上最后一行代码 emp.Age=-1 执行时会抛出"年龄值不符合范围"异常,系统阻止了赋值。有关异常,后续会系统学习。在实际项目中,若发生以上异常,会尝试让用户再次输入 Age 属性值,程序将继续运行。

3.1.4 类的成员方法

成员方法简称方法。

方法类似于面向过程中的函数。面向过程中,函数是复用代码的最基本单位。通过函数间调用,组成了程序。面向对象的基本单位是类,方法是定义在类中的。

与成员变量类似,成员方法也分为实例和静态两种。实例方法属于对象的,必须创建对象后使用;静态方法属于类的,通过类名加成员符直接调用。

实例方法定义格式:

```
[修饰符] 方法返回类型 方法名([形参列表])
{
```

```
        方法体语句
    }
```

静态方法定义格式：

```
[修饰符] static 方法返回类型 方法名([形参列表])
{
    方法体语句
}
```

【例 3-8】 定义 Circle 类，调用其中静态方法和实例方法。

```
class Circle
{
    public double radius;                          //实例方法
    public static void WhoAmI()                    //静态方法
    {
        Console.WriteLine("Circle Class");
    }
    public double GetArea()
    {
        return Math.PI * radius * radius;
    }
}
```

静态方法和实例方法调用：

```
Circle.WhoAmI();                    //静态方法,属于类的方法,通过类名.直接调用
Circle c = new Circle();
c.radius = 2;
double area = c.GetArea();          //实例方法,属于对象的方法,创建对象后调用
Console.WriteLine(area);
```

结果：

```
Circle Class
12.566370614359172
```

3.1.5 类的构造方法

用于创建对象的特殊方法称为构造方法，又称为构造器（constructor），简称构造。C#通过 new 关键字调用构造方法，创建出相应类的对象。

构造方法的名称应与类名一致，且无返回。

此外，若没有定义构造方法，编译器会自动添加一个无参构造。当然，若定义了构造，则编译器将不再添加无参构造。

构造方法定义格式：

```
[修饰符] 类名([形参列表])
{
    构造方法体语句
}
```

【例 3-9】 没有定义构造方法,编译器会自动添加一个无参构造。

```
public class User
{
    String name;
    String pass;
}
```

创建 User 对象：

```
User u = new User();        //没有问题,编译器已自动生成一个无参构造
```

【例 3-10】 定义构造方法并调用。

```
public class Customer
{
    String name;
    double balance;
    public Customer(String name, double balance)
    {
        //当成员变量名和参数名冲突时,用 this.区分
        this.name = name;
        this.balance = balance;
    }
}
```

创建 Customer 对象：

```
Customer cindy = new Customer("Cindy", 0);      //调用构造
//下方代码编译报错,已定义构造,系统不再生成无参构造
Customer customer = new Customer();
```

有时需要在一个构造方法中调用另一个构造,可以使代码更简洁美观、更易于阅读与维护。此时可使用 this 关键字。

【例 3-11】 使用 this 关键字进行构造之间的调用。

```
class Customer
{
    String name;
    double balance;
    String level;
```

```
public Customer(String name, double balance)
{
    this.name = name;
    this.balance = balance;
}
//用 this()调用另一个构造
public Customer(String name, double balance, String level): this(name, balance)
{
    this.level = level;
}
}
```

【总结】　构造是用来创建对象用的特殊方法。当构造带参数时,一般用于同时初始化属性值。构造名称与类名相同,没有返回值。不写构造时,系统会生成一个构造。构造可以带参数,为此可写多个构造,构造间用 this 调用。

3.1.6　方法的重载

构造是特殊方法,构造可以写多个。若构造的名称相同,参数不同,此时构造间就是重载(overload)的关系。

在一个类中,可以定义多个方法,若方法名相同,参数不同(即参数的个数不同或参数类型顺序不同),则这些方法间就是重载关系。

【例 3-12】　两个 max()方法的参数类型不同形成重载。

```
public class Tools
{
    public double max(double a, double b)
    {
        return a > b ? a : b;
    }
    public int max(int a, int b)
    {
        return a > b ? a : b;
    }
}
```

3.1.7　继承

继承是为了实现类的扩展。C#类是单继承的,即只能有一个父类。

继承的语法结构:

```
[修饰符] 子类 : 父类
{
    类结构体(成员变量,成员方法)
}
```

父类(parent class)又称为基类(base class)、超类(super class)。子类(sub class)又称为派生类(derived class)。

若类没有继承父类,但实际上继承了 Object 这个默认父类,Object 类可认为是所有类的超级父类。编写代码时也可用关键字 object 来替代类名 Object。

【例 3-13】 Shape 父类和 Square 子类示例 1。

```
class Shape                          //实际上编译器会加上:Object,默认继承 Object 类
{
    public void WhoAmI()
    {
        Console.WriteLine("a shape");
    }
}
class Square : Shape                 //继承了 Shape 中的实例方法 WhoAmI()
{
    public double width;
    public double GetArea()
    {
        return width * width;
    }
}
```

Square 通过"Shape"继承了 Shape 中的成员,包括 WhoAmI()方法。

因此执行:

```
Square s = new Square();
s.WhoAmI();
```

会显示:

```
a shape
```

所以,继承实际上也是代码复用的一种表现形式。

再如:

```
Square s = new Square();
s.width = 3;
Console.WriteLine(s.GetArea());
```

会显示:

```
9
```

即子类可以通过增加方法来扩展父类的结构功能。

sealed(密封)关键字可阻止类派生子类。System 中的 String 类就是 sealed 类。

面向对象编程

【例 3-14】 sealed 类阻止被派生。

```
class B1{ }
class E1 : B1 { }                    //正常派生
sealed class B2 { }                  //sealed 类
class E2 : B2 { }                    //编译时出错，无法从密封类 B2 派生
```

3.1.8 方法覆盖、多态、转型

继承时，子类定义了与父类方法签名完全相同的方法（相同名称及相同参数形式），被称为方法的覆盖（override）或重写。

【例 3-15】 Shape 父类和 Square 子类示例 2。

```
class Shape
{
    public virtual void WhoAmI()
    {
        Console.WriteLine("a shape");
    }
}
class Square : Shape
{
    public override void WhoAmI()        //重写父类方法
    {
        Console.WriteLine("a square");
    }
}
```

如上，子类 Square 继承了父类 Shape 中的成员方法 WhoAmI()，但在自己的类结构体中进行了重写。注意，父类方法前用关键字 virtual，子类方法前用关键字 override。

测试代码：

```
Shape shape = new Square();
shape.WhoAmI();
```

结果：

```
a square
```

以上 shape 变量是 Shape 父类类型，实际创建为 Square 对象。当 shape.WhoAmI()调用时，调用的是父类中的 WhoAmI()还是子类重写的 WhoAmI()？从运行结果看调用的是子类重写的 WhoAmI()。

【总结】 C#的实例成员调用是基于运行时的实际类型的动态调用，而非变量的声明类型。这个非常重要的特性即多态（polymorphism）。

要调用父类中被重写的方法，可用关键字 base。实际上通过 base 可调用父类对象中所有成员。

【例 3-16】 Square 子类中调用 Shape 父类中的实例方法。

```
class Shape
{
    public virtual void WhoAmI()
    {
        Console.WriteLine("a shape");
    }
}
class Square : Shape
{
    public override void WhoAmI()                    //重写父类方法
    {
        base.WhoAmI();                               //a shape, 调用父类 Shape 的实例方法
        Console.WriteLine("a square");
    }
}
```

测试代码：

```
Shape shape = new Square();
shape.WhoAmI();
```

结果：

```
a shape
a square
```

注意，上面 base.WhoAmI() 就是在子类中调用父类的实例方法 WhoAmI()。
除了阻止派生子类，使用 sealed 关键字还可阻止方法不被覆盖。

【例 3-17】 使用 sealed 使方法无法在子类中覆盖。

```
class B
{
    public virtual void b1() { }
}
class E : B
{
    public sealed override void b1() { }            //这里覆盖时用 sealed 进行密封
}
class F : E
{
    public override void b1() { }                    //会报错。因为父类中 E.b1() 是密封的,无法重写
}
```

转型(casting)：实际开发中,经常存在父类转换为子类和子类转换为父类的情况。
向上转型：将子类对象转换为父类对象。即父类变量引用子类对象,属于自动类型转换。

面向对象编程

向下转型：把父类对象转换为子类对象。即子类变量引用父类对象，需要进行类型的强制转换。

【例 3-18】 父类 Shape 和子类 Circle、Square 之间的转型。

```
class Shape
{
    public virtual void Draw()
    {
        Console.WriteLine("draw a shape");
    }
}
class Circle : Shape
{
    public override void Draw()
    {
        Console.WriteLine("draw a circle");
    }
}
class Square : Shape
{
    public override void Draw()
    {
        Console.WriteLine("draw a square");
    }
}
```

代码调用：

```
//向上转型,属于自动类型转换,如
Shape s = new Circle();
//向下转型,需要强制转换,如
Circle c = (Circle)s;            //(Circle)强制将 s 类型(父类 Shape)转换为子类型 Circle
//向下转型,与真实类型不匹配,会产生异常,如
Square sq = (Square)s;           //s 的真实类型 Circle 转换为 Square,会产生异常
```

向下转型时，为了让代码更强壮，可先加上 is 操作符预判，只有符合类型才转型。

【例 3-19】 用 is 操作符预判类型是否可转型。

```
Shape c = new Circle();
if (c is Square)                 //用 is 预判 c 变量类型
{
    Circle circle = (Circle)c;   //向下转型
}
```

向下转型时，建议用 as 操作符进行转型。其好处是：当无法转型时返回 null，不会产生异常而导致程序执行中断。

【例 3-20】 用 as 操作符进行转型,若转型失败则返回 null。

```
Shape c = new Circle();
Circle circle = c as Circle;
Console.WriteLine(circle);
Square square = c as Square;
Console.WriteLine(square); //null(控制台上无显示)
```

3.1.9 抽象类

抽象类是类的一种,同样有成员变量、属性和方法。它与普通类最大的区别,就在于其只能作为基类,无法直接实例化为对象。

抽象类使用关键字 abstract 表示。即 class 前加 abstract,说明是抽象类。

【例 3-21】 抽象类 Shape 含有抽象方法 Draw()。

```
abstract class Shape                //class 前加 abstract,说明是抽象类
{
    public abstract void Draw();    //方法前加 abstract,说明是抽象方法
}
```

直接创建抽象类对象,编译将通不过,例如:

```
Shape c = new Shape(); //编辑报错:无法创建抽象类型的实例
```

抽象类的本质是用抽象方法定义功能规范,具体功能或业务逻辑由子类来实现。

【例 3-22】 抽象类 Shape 的实现子类 Circle。

```
class Circle : Shape
{
    public override void Draw()
    {
        //覆盖了父类中抽象方法 Draw(),实现其功能逻辑
        Console.WriteLine("draw a circle");
    }
}
```

创建抽象类的具体子类,代码如下(编译将通过):

```
Shape c = new Circle();
```

抽象的几点理解:

(1) 只要 abstract 关键字在类前,就是抽象类。抽象类中是可以有属性和具体方法的。

(2) 抽象类是不可以直接创建的类。如上面的 Shape 类,进行 new Shape()操作不允许。

(3) 抽象方法是没有实现的方法,有"{ }"存在就是空现,即使方法体中为空,也是不允许的。

（4）抽象方法存在，则说明类的部分已抽象，所以该类必须标注 abstract 使其成为抽象类。

在抽象类中，有时方法前用 virtual 来标注，则说明该方法是虚方法。不同于抽象方法，虚方法是具体实现的方法，若子类用 override 覆盖该虚方法，则子类调用方法时将调用自己定义的方法，否则就调用父类中的虚方法。

【例 3-23】 父类中的虚方法及子类对虚方法的覆盖。

```
abstract class Shape
{
    public virtual void Draw()              //虚方法有具体实现
    {
        Console.WriteLine("draw a shape");
    }
}
class Circle : Shape
{
    public override void Draw()              //覆盖父类中虚方法 Draw()，实现自己的功能
    {
        Console.WriteLine("draw a circle");
    }
}
class Rectangle : Shape
{
    //未覆盖父类中虚方法 Draw()，会继承该虚方法
}
```

调用：

```
Shape c = new Circle();
c.Draw();                      //draw a circle
Shape r = new Rectangle();
r.Draw();                      //draw a shape
```

结果：

```
draw a circle
draw a shape
```

3.1.10 接口

接口可认为是更为抽象的抽象类。接口本身并不做任何功能（方法）实现，仅需声明必须实现哪些功能（方法），具体由派生类实现。

接口中可以定义属性（有 get 和 set 的方法）和抽象方法。接口成员始终是公共的，不能应用任何访问修饰符。一个接口可以同时继承多个接口。

接口的语法结构：

```
[访问修饰符] interface 接口名 [ :接口 1,接口 2,…] {
        [属性;]
```

```
        [静态字段; ]
        [抽象方法; ]
}
```

【例 3-24】 用 interface 定义接口 IfcShape。

```
interface IfcShape
{
        string Name { get; set; }               //属性
        static double PI = 3.14;                 //静态字段。实例字段不允许定义在接口中
        void Draw();                              //抽象方法
}
```

将 interface 关键字放在名称前,说明定义的是接口;接口中定义了属性 Name 和静态字段 PI,以及抽象方法 Draw()。注意,此时抽象方法前不用加 abstract。

接口可以看成是定义了功能的契约。若有子类想实现该接口,就必须实现接口中所有的抽象方法(定义的功能)。如果不实现或部分实现,则说明子类是抽象的,必须用关键字 abstract 将其声明为抽象类。

【例 3-25】 Circle 子类实现 IfcShape 接口。

```
class Circle : IfcShape
{
    //这里隐式实现接口中的属性,也可完全重写 set 和 get
    public string Name { get; set; }
    public void Draw()
    {
        Console.WriteLine("draw a circle named " + Name);
    }
}
```

创建接口子类对象,执行:

```
IfcShape s = new Circle();
s.Name = "CircleOne";
s.Draw(); //draw a circle named CircleOne
```

结果:

```
draw a circle named CircleOne
```

子类中使用符号“:”实现接口。实现接口所定义的所有抽象方法,也包括实现属性的 set、get。值得注意的是,上面 Name 属性前用 public 访问修饰符,起到了隐式实现的功能,也可以正式重写属性的 set 和 get 逻辑代码。

C#中,类之间是单继承的,但接口允许是多继承的。

【例 3-26】　接口可继承多个接口。

```
interface IfcFlyable { void Fly(); }
interface IfcSingable { void Sing(); }
interface IfcBird : IfcFlyable, IfcSingable { }
```

如上,IfcBird 接口继承了 IfcFlyable 和 IfcSingable 两个接口。若父接口中有抽象方法,则子接口也将继承到。若有类要实现该子接口,则应实现其父接口中所有的抽象方法。

【例 3-27】　子接口的实现类,必须实现所有抽象方法。

```
class Swan : IfcBird
{
    public void Fly()                 //必须实现,Fly()在 IfcBird 的父接口中定义
    {
        Console.WriteLine("swan flying");
    }
    public void Sing()                //必须实现,Sing()在 IfcBird 的父接口中定义
    {
        Console.WriteLine("swan singing");
    }
}
```

【总结】　C#中,子类只能继承一个父类,但可以实现多个接口。

【例 3-28】　Flamingo 子类继承 Animal 类实现 Flyable 和 Walkable 接口。

```
class Animal { }
interface Flyable { }
interface Walkable { }
class Flamingo : Animal, Flyable, Walkable{ }
```

3.2　面向对象编程进阶

面向对象语法中,还包括名称空间、程序集、内部类、Lambda 表达式、异常处理等内容。

3.2.1　名称空间、程序集

名称空间(namespace)是一种代码逻辑分组,用以解决类、接口等资源的名称冲突。可将名称冲突的类或者接口放在不同名称空间中,若有名称冲突时,用完整名称(名称空间名.类名)加以区分。

程序集(assembly)是程序的物理分组。将项目中类、接口等资源打包为程序集,对应一个 .dll 或 .exe 文件。开发中可引用程序集,代码中使用 namesapce 关键字引入程序集名称空间,然后就可调用程序集内部的类、接口。

【例 3-29】　设计类库项目并生成程序集文件,引用程序集并调用其内部类。

实现的目标:学会创建程序集和引用程序集。

实现的步骤:

（1）创建程序集。

本处创建的程序集是一个类库（Tools.dll 文件），内部创建一个 Math 类。具体步骤如下。

① 启动 Visual Studio。

② 选择"文件"→"新建"→"项目"选项，弹出"创建新项目"窗口。

③ "语言"选择 C♯，"项目类型"选择"库"，在列表中选择"类库"选项，单击"下一步"按钮，弹出"配置新项目"窗口。创建"类库"项目界面如图 3-1 所示。

图 3-1　创建"类库"项目界面

④ 在"项目名称"文件框中输入 Tools，单击"下一步"按钮，单击"创建"按钮。打开 Visual Studio 开发"类库"项目界面如图 3-2 所示。

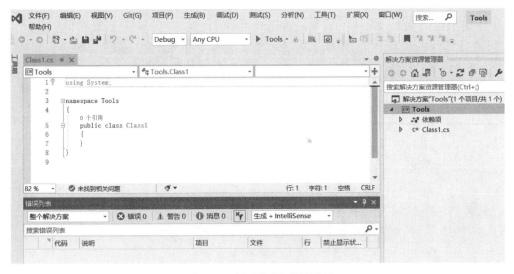

图 3-2　开发"类库"项目界面

第 3 章

面向对象编程

⑤ 在"解决方案资源管理器"窗口中,右击项目 Tools,在弹出的快捷菜单中选择"添加"→
"类"选项,在弹出的对话框中设置名称为 Math.cs,单击"添加"按钮。在生成的 Math 类中
编写如下代码:

```
namespace Tools
{
    public class Math
    {
        public static int Add(int a, int b)
        {
            return a + b;
        }
        public static int Substract(int a, int b)
        {
            return a - b;
        }
    }
}
```

⑥ 右击项目 Tools,在弹出的快捷菜单中选择"生成"选项,会生成程序集 Tools.dll 文件。

⑦ 右击项目 Tools,在弹出的快捷菜单中选择"文件资源管理器中打开文件夹"选项,打
开 bin/Debug/net5.0/子目录,可看到相应程序集文件 Tools.dll,如图 3-3 所示。可将该文
件保存到其他文件夹中,如 C:\dlls 中。

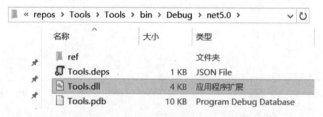

图 3-3　生成了程序集文件 Tools.dll

(2) 引用程序集。

可通过"添加项目引用"引用程序集,然后在代码中调用程序集中的类。具体步骤如下。

① 创建控制台应用 ConsoleAppUseAssambly,具体过程参见 1.5.1 节。

② 右击项目 ConsoleAppUseAssambly 下方的"依赖项",在弹出的快捷菜单中选择"添
加项目引用"选项,如图 3-4 所示。

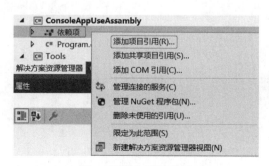

图 3-4　添加项目引用

③ 在弹出的"引用管理器"对话框中,通过"浏览"按钮添加程序集 Tools.dll,如图 3-5 所示。

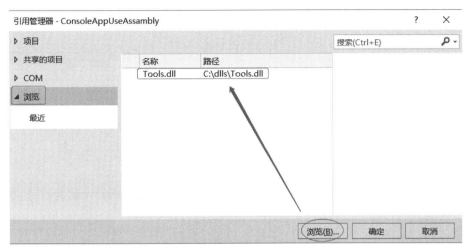

图 3-5　添加程序集 Tools.dll

④ 编辑 ConsoleAppUseAssambly 项目中的 Program.cs 文件,代码如下:

```
using System;
using Tools;                          //引入名称空间 Tools(即程序集中的 namespace)
namespace ConsoleAppUseAssambly
{
    class Program
    {
        static void Main(string[ ] args)
        {
            //如下,为区分 System.Math,加上名称空间 Tools
            int a = Tools.Math.Add(1, 2);
            int b = Tools.Math.Substract(2, 1);
            Console.WriteLine(a);          //3
            Console.WriteLine(b);          //1
        }
    }
}
```

上述 Main()方法中,使用"using Tools;"引入了名称空间 Tools,然后就可用"Tools.Math.Add(1, 2);"调用名称空间中的类和类中的方法了。

小结:

(1) 创建类库项目,在其中定义名称空间和类。类库项目编译后生成程序集.dll 文件。.dll 文件可在其他项目中被引用,起到代码重用的效果。

(2) 上述使用"引用管理器"浏览方式找到自己开发的程序集文件。实际工作中可能引用其他组织开发的程序集,只需要将其下载或复制到本地进行引用即可。例如本地 C♯ 项目

面向对象编程

需要与 MySQL 数据库交互,可在 MySQL 官方网站获取相应.dll 文件,并引用到本地项目中。

3.2.2 访问修饰符

访问修饰符又称为访问控制符,用来控制对类、类成员的访问权限。C♯支持 6 种不同的访问权限。

public:访问不受限制,都可访问;

protected:访问限于所在类或所在类的派生类;

internal:访问限于当前程序集;

protected internal:访问限于当前程序集或所在类的派生类;

private:访问限于所在类;

private protected:访问限于所在类或当前程序集中所在类的派生类。

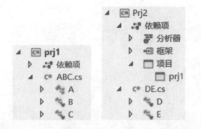

图 3-6　创建两个项目及相应 5 个类

【例 3-30】 测试修饰符访问性。

具体步骤:

(1) 创建 prj1、prj2 两个项目,分别在两个项目中创建 A、B、C 和 D、E 5 个类,然后将 prj1 项目生成的程序集引入 prj2 中,如图 3-6 所示。

(2) 在项目 prj1 和 prj2 中编写源代码,测试访问修饰符的访问性,如下所示。

```
namespace Prj1{
  public class A {      //首先放开类的访问
    private static int pri;
    public static int pub;
    protected static int pro;
    internal static int inr;
    protected internal static int proInr;
    private protected static int priPro;
    void Test(){       //自己内部,都可访问
      A.pri = 1;
      A.pub = 2;
      A.pro = 3;
      A.inr = 4;
      A.proInr = 5;
      A.priPro = 6;
    }
  }
  class B {
    void Test() {
//同一程序集内不同类,private、protected
无法访问
      //A.pri = 1;
      A.pub = 2;
      //A.pro = 3;
```

```
using Prj1;

namespace Prj2
{
  class D
  {
    void Test()
    {
      //跨程序集,仅 public 可访问
      //A.pri = 1;
      A.pub = 2;
      //A.pro = 3;
      //A.inr = 4;
      //A.proInr = 5;
      //A.priPro = 6;
    }
  }

  class E : A
  {
    void Test(){ //不同程序集内子类访问
//继承的成员,仅 public、protected 和 protected
//internal 可继承访问
```

```
        A.inr = 4;                              //A.pri = 1;
        A.proInr = 5;                           A.pub = 2;
        //A.priPro = 6;                          A.pro = 3;
    }                                           //A.inr = 4;
}                                               A.proInr = 5;
class C : A{                                    //A.priPro = 6;
    void Test(){//同一程序集内子类,访问继       }
//承的成员仅 private 无法继承访问            }
    //pri = 1;                             }
    pub = 2;
    pro = 3;
    inr = 4;
    proInr = 5;
    priPro = 6;
    }
}
```

成员所属不同类型时,可用的修饰符和默认的访问修饰是不同的,如表 3-1 所示。

表 3-1   成员所属不同类型时可用的修饰符和默认的访问修饰符

所在的类型	成员可用的修饰符	成员默认的访问修饰
enum	不写	public
struct	public、internal、private	private
class	public、protected、internal、private、protected internal、private protected	private
interface	public、protected、internal、private、protected internal、private protected	public

3.2.3 异常处理

程序在运行过程中,可能遇到各种异常情况。如:用户输入数值或日期时格式有错;读取文件但文件却不存在;执行的 SQL 语句有语法错误;数组访问时下标越界等。此时需要编写代码做出合理处理,而不是任其发生,造成程序运行崩溃。C♯中引入了 System. Exception 类及其子类,并设计了异常处理机制代码编写构架:用 try、catch、finally、throw 关键字处理。

1. 异常类

C♯中 System. Exception 为所有异常的根类,下面派生了 System. ApplicationException 和 System. SystemException 两个子类。其中,System. ApplicationException 支持应用程序产生的异常,所以程序中自定义的异常都应该派生自该类;System. SystemException 是系统预定义异常的基类,如 IO 异常、下标越界异常等都派生自该类。

C♯中常见预定义的异常类如表 3-2 所示。

表 3-2 C#中常见预定义的异常类

预定义的异常类	描　　述
System. IO. IOException	输入输出异常
System. IndexOutOfRangeException	当索引超出了下标范围时产生的异常
System. ArrayTypeMismatchException	当数组类型不匹配时产生的异常
System. NullReferenceException	当引用一个空对象时产生的异常
System. DivideByZeroException	当除以零时产生的异常
System. FormatException	按照格式转换类型时产生的异常
System. InvalidCastException	在类型转换期间产生的异常
System. OutOfMemoryException	内存不足时产生的异常
System. StackOverflowException	栈溢出时产生的异常

2. 异常发生时不处理

异常发生时，若不处理，则应用运行时会中断。

【例 3-31】 访问数组元素，发生下标越界异常时运行被中断。

```
int[] iAry = { 1, 2, 3 };
Console.WriteLine(iAry[3]);
Console.WriteLine("End");
```

执行第 2 行时，抛出 IndexOutOfRangeException 异常，运行中断，无法执行到输出"End"所在行，如图 3-7 所示。

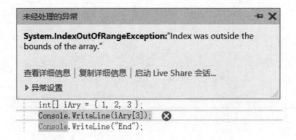

图 3-7 访问数组下标越界时抛出 IndexOutOfRangeException 异常

【例 3-32】 读取不存在文件，抛出文件找不到异常，运行被中断。

```
using System.IO;
...
StreamReader sr = new StreamReader("C:/math.txt");
string line = null;
while ((line = sr.ReadLine()) != null)
{
    Console.WriteLine(line);
}
sr.Close();
```

执行 new StreamReader("C:/math.txt")时，抛出 FileNotFoundException 异常，运行

中断，无法执行后面几行代码，如图 3-8 所示。

图 3-8   FileNotFoundException 异常

3. 异常处理——用 try … catch … finally 语句

如上，当异常发生时，程序可能无法再正常执行。为保障程序能继续执行，C♯提供了 try … catch … finally 语句。

try … catch … finally 语句的语法格式：

```
try {
    业务逻辑语句块;              //可能发生异常
} catch[(异常类 1 e)]{          //若异常发生，但不想引起异常时可用 catch{ }处理
    异常处理语句块;
}[catch(异常类 2 e){
    异常处理语句块;
} …
catch(异常类 N e){
    异常处理语句块;
}] finally {
    不管是否产生异常，都执行的语句块;
}
```

try 语句块就是可能产生异常的语句块。在执行过程中，当产生异常时，会产生并抛出相应类型的异常对象，后面的 catch 语句段可分别对异常做相应处理。异常处理结束以后，不会转回执行 try 语句段中未执行的代码。一个 try 语句必须带有至少一个 catch 语句块或一个 finally 语句块。

catch 语句块可以有一个或多个，用于处理可能产生的不同类型的异常。catch 对异常的捕获顺序是：从上至下，先捕获子类异常再捕获父类异常。也就是越是父类越应放在下方。若上方写了父类异常处理，则子类异常就无法在下面捕获了，这在语法上是错误的。

不管是否发生异常，finally 语句块都必须要执行。通常在该语句块中释放打开的资源，如关闭文件流、关闭数据库连接等。

【例 3-33】 用 try … catch … finally 语句处理 FileNotFoundException 异常。

```
using System.IO;
…
StreamReader sr = null;
try
{
    sr = new StreamReader("C:/math.txt");
```

面向对象编程

```
    string line = null;
    while ((line = sr.ReadLine()) != null)
    {
            Console.WriteLine(line);
    }
}
catch(FileNotFoundException e)
{
    Console.WriteLine("发生文件找不到异常: " + e.Message);
    //发生文件找不到异常: Could not find file 'C:\math.txt'
}
finally
{
    if (sr != null)
    {
        sr.Close();
    }
}
Console.WriteLine("End");        //End
```

运行程序,控制台输出:

```
发生文件找不到异常: Could not find file 'C:\math.txt'.
End
```

上面程序的执行过程：当执行 sr = new StreamReader("C:/math.txt")时,抛出 FileNotFoundException 异常;该异常由 catch(FileNotFoundException e)捕获并交由 e 变量引用,接着执行 Console.WriteLine("发生文件找不到异常: " + e.Message);再接着执行 finally 语句块,在 finally 中关闭 sr 文件流资源。

若在 C:\盘下创建 math.txt 文件,并输入文本 9/3,再执行以上程序,输出:

```
9/3
End
```

一般场合中,针对可能产生的不同的异常,会使用多个 catch 语句捕获多种异常。

【例 3-34】 分析文件内容,并执行程序,输出每行数学表达式的值。

```
using System.Data;
using System.IO;
...
StreamReader sr = null;
try
{
    sr = new StreamReader("C:/math.txt");
    string line = null;
    while ((line = sr.ReadLine()) != null)
    {
            Console.Write(line);
```

```
            DataTable eval = new DataTable();        //System.Data
            Console.WriteLine(" = " + eval.Compute(line, ""));
        }
    }
    catch(FileNotFoundException e)
    {
        Console.WriteLine("发生文件找不到异常: " + e.Message);
    }
    catch (SyntaxErrorException e)
    {
        Console.WriteLine("表达式运算时异常: " + e.Message);
    }
    finally
    {
        if (sr != null)
        {
            sr.Close();
        }
    }
    Console.WriteLine("End");
```

修改 C:\math.txt 内容为：

```
9/3
3/
```

运行程序,控制台输出：

```
9/3 = 3
3/表达式运算时异常: Syntax error: Missing operand after '/' operator.
End
```

分析以上代码,catch 代码块有 2 个,分别为 catch(FileNotFoundException e)和 catch
(SyntaxErrorException e)。当 eval.Compute(line, "")语句执行到 math.txt 第二行"3/"
时,产生了 SyntaxErrorException 异常,此时因为有第二个 catch 语句块,所以该异常被捕
获,规避了程序中断情况的发生。

4. 用 using 处理异常

在 C♯中,关键字 using 除了可以引用名称空间外,还可以使用 using 语法结构来代替
try ⋯ catch ⋯ finally 语句处理。在执行完毕后,会自动关闭在 using 后面括号"()"中创建
的资源,使相应代码得以简化。

语法结构：

```
using( 资源创建 )        //在 using 代码块运行结束后,此处创建资源会自动关闭
{
    代码块
}
```

【例 3-35】 用 using 自动关闭资源。

```csharp
using (StreamReader sr = new StreamReader("C:/math.txt"))
{
    string line = null;
    while ((line = sr.ReadLine()) != null)
    {
        Console.Write(line);
        System.Data.DataTable eval = new System.Data.DataTable();
        Console.WriteLine(" = " + eval.Compute(line, ""));
    }
}
```

在 using 后面括号中创建的资源，在 using 结构执行完毕后会自动调用资源的关闭方法。需要注意的是，using 代码块中异常并未处理，所以执行过程中依然可能出现异常，如遇到 eval.Compute(line, "")，执行到"3/"时，还是会抛出 SyntaxErrorException 异常，造成中断。

5. 用 throw 抛出异常

有时需要用代码主动抛出异常，以便调用者对此进行有针对性的处理。此时可使用 throw 关键字抛出异常。

【例 3-36】 检查用户名，若为空，则抛出异常。

```csharp
string name = "";
if (String.IsNullOrWhiteSpace(name))          //等价 if (name == null || name.Trim().Length == 0)
{
    throw new Exception("姓名不能为空.");        //代码主动抛出异常
}
```

6. 自定义异常

除了系统预定义异常外，有时项目需要自定义异常，以处理特有问题。自定义异常需要继承自 Exception 类，但实际工作中习惯用 Exception 类的子类 ApplicationException 作为自定义异常类的父类。

【例 3-37】 创建自定义异常。

```csharp
public class ParamException : Exception
{
    string message;
    Exception innerException;
    public ParamException() { }
    public ParamException(string message) : base(message)        //此构造最常用
    {
        this.message = message;
    }
    public ParamException(string message, Exception innerException) : base(message, innerException)
    {
        this.message = message;
        this.innerException = innerException;
```

```
        }
    }
```

调用：

```
string name = "";
if (String.IsNullOrWhiteSpace(name))
{
    throw new ParamException("姓名不能为空.");        //主动抛出自定义异常
}
```

3.2.4 递归

递归的简单定义：方法直接或者间接调用自己。

递归不是面向对象语言独有的，但递归比较抽象，并不直观。对于初学者而言，它确实难以理解，学习有一定难度。

还是从问题出发来理解递归的使用。

问题1：求解 10 的阶乘（factorial）。

这个问题可以用 for 循环语句实现。

【例 3-38】 用 for 循环语句求解 10 的阶乘。

```
long factorial = 1;
for (int i = 1; i <= 10; i++)
{
    factorial *= i;
}
Console.WriteLine(factorial);
```

结果：

```
3628800
```

换个解题思路：假设有一个方法 $f(i)$ 为求 i 的阶乘，那么求 n 的阶乘就可表示为 $n * f(n-1)$；而求 $f(n-1)$ 可表达为 $(n-1) * f(n-2)$；以此类推，最后求 $f(1)$，结果为 1。可用如下公式表示：

$$f(n) = \begin{cases} 1, & n = 1 \\ n * f(n-1), & n > 1 \end{cases}$$

对此公式，可以用 $C\sharp$ 写出求 $f(n)$ 的方法来。具体如下。

【例 3-39】 用递归方法实现 n 的阶乘求解。

```
static long f(int n)
{
    if (n == 1)                //不可以无限制处理,必须有退出条件
    {
        return 1;
    }
```

```
    return n * f(n - 1);      //n的阶乘 = n * (n-1的阶乘)
}
```

调用：

```
Console.WriteLine(f(10));
```

其结果与前面第一种 for 循环语句解答结果相同，为：

```
3628800
```

总结递归写法，分为两部分：

(1) 正常的逻辑处理代码，如"return n * f(n-1);"。

(2) 以免陷入死递归，需有退出条件，如"if(n==1) return 1;"。

有时某些问题用递归思路解题更为清晰。例如，斐波那契数列：0,1,1,2,3,5,8,13,21,34,55,89,144······ 其规律是后一个数等于前面两个数的和。即，若求第 n 项的值，可用公式表示为：

$$f(n) = \begin{cases} n, & n \leqslant 1 \\ f(n-1) + f(n-2), & n > 1 \end{cases}$$

使用递归思路，可定义一个方法求解第 n 项对应的斐波那契数列的值，具体如下。

【例 3-40】 用递归方法实现求斐波那契数列第 n 项数值。

```
static int f(int n)
{
    if (n <= 1)                    //(2)以免陷入死递归,需有退出条件
    {
        return n;
    }
    return f(n - 1) + f(n - 2);    //(1)正常的逻辑处理代码
}
```

调用：

```
Console.WriteLine(f(4));
```

结果：

```
3
```

n=4 时，斐波那契数列的值为 3，测试结果与实际一致。

3.3 项目案例——中华文明,魅力永恒

文化是一个国家、一个民族的灵魂,文化自信是实现中华民族伟大复兴的精神力量。中华文化经过历史长河的洗练、峥嵘岁月的磨砺、伟大实践的锻造,是最有韧劲、最具内涵、最

富生机的文化,是凝聚亿万人民为新中国发展不懈奋斗的精神力量。

中华文明是世界上唯一没有中断的既古老又年轻的文明,是人类文明灿烂星空中最绚丽的星宿。五千多年文明江河奔流到如今,涌现出老子、孔子、庄子、孟子、屈原、李白、苏轼、曹雪芹等灿若星辰的伟大人物,诞生了诗经、楚辞、汉赋、唐诗、宋词、元曲、明清小说等浩如烟海的文学经典,为中华民族生生不息、薪火相传提供了精神滋养。这些文化基因和精神标识,历经千年风雨的洗礼依然挺立、生机勃勃。中华文化跨越时空的永恒价值和魅力,是我们的自信之根。

在此,假设未来需实现一个"中国文化代表人物风采演示系统",要求事先做出如下部分设计。

3.3.1 设计一:设计用户类

设计说明:为登录和管理系统,需要设计一个用户类 User。该类应该有用户名 Name、密码 Pwd 两个属性,有登录时判断用户是否有效的方法 IsValid()。

注意,对于方法中的逻辑实现,因为尚未掌握数据库相关技术,可进行代码模拟实现,此处假定有效用户名为 admin,密码为 @dm1n。

设计实现步骤:

(1) 启动 Visual Studio。

(2) 选择"文件"→"新建"→"项目"选项,弹出"创建新项目"窗口。

(3) "语言"选择 C♯,"项目类型"选择"库",在列表中选择"类库"选项,单击"下一步"按钮,弹出"配置新项目"窗口。

(4) 在"项目名称"文本框中输入 CulCelebrity,单击"下一步"按钮,单击"创建"按钮,打开 Visual Studio 开发"类库"项目界面。

(5) 在"解决方案资源管理器"窗口中,右击项目 CulCelebrity,在弹出的快捷菜单中选择"添加"→"类"选项,在弹出的对话框中设置名称为 User.cs,单击"添加"按钮。在类中编写如下代码:

```
using System;
namespace Cn.Edu.Common.CultrueCharacter
{
    public class User
    {
        public String Name { get; set; }
        public String Pwd { get; set; }
        public bool IsValid()
        {
            if("admin" == Name && "@dm1n" == Pwd)
            {
                return true;
            }
            return false;
        }
    }
}
```

设计小结：

（1）User 类可以使用于控制台应用或者 Windows 窗体应用中。为此创建类库项目，并将 User 类存放于类库项目中，作为程序集.dll 形式引用比较适合实际开发情景。

（2）本处 User 类中使用了模拟方式，"写死"了用户名 admin 和密码@dm1n，在实际项目开发中这是不可取的，不仅不利于账号维护，同时存在安全隐患。在掌握了数据库相关技术后，用户信息应存放在数据表中。

3.3.2　设计二：设计类别类

设计说明：文化人物信息应该进行分类管理，如李白属于诗人，孔子属于教育家，等等。为此设计一个类别类 Classification，该类应该有类别名 Name、类别描述 Description 两个属性，同时设计无参构造和带参构造，以方便创建分类对象。注意，带参构造应该传入 Name 和 Description 两个参数值，并对属性值进行初始化。

设计实现步骤：在"解决方案资源管理器"窗口中，右击项目 CulCelebrity，在弹出的快捷菜单中选择"添加"→"类"选项，在弹出的对话框中设置名称为 Classification.cs，单击"添加"按钮。在类中编写如下代码：

```csharp
using System;
namespace Cn.Edu.Common.CultrueCharacter
{
    public class Classification
    {
        public string Name{ get; set;}
        public string Description { get; set; }
        public Classification()
        {
        }
        public Classification(string name, string description)
        {
            Name = name;
            Description = description;
        }
    }
}
```

设计小结：

（1）Classification 类可使用于不同类型中。为此将 Classification 类存放于类库项目 CulCelebrity 中相对合适。

（2）此处 Classification 类中定义了两个构造方法。带参数构造在便于创建对象的同时，对属性值进行初始化。因为定义了带参构造，编译器不再生成默认的无参构造了，所以若需保留无参构造则应显式编写代码加入。

3.3.3　设计三：设计人物类

设计说明：展现文化人物，需要姓名、介绍、图片等元素，以及所属类别。

为此设计一个人物类 Celebrity，该类应该有姓名 Name、介绍 Description、图片路径 ImageURL 三个属性。此外，人物的所属分类 Classification 的值可能有多个，如孔子既是思想家也是教育家，可用数组表示（待后续学过集合，可用更合适的 List < T >类替代）。

设计实现步骤：在"解决方案资源管理器"窗口中，右击项目 CulCelebrity，在弹出的快捷菜单中选择"添加"→"类"选项，在弹出的对话框中设置名称为 Celebrity.cs，单击"添加"按钮。在类中编写如下代码：

```
using System;
namespace Cn.Edu.Common.CultrueCharacter
{
    public class Celebrity
    {
        public string Name { get; set; }
        public string Description { get; set; }
        public string ImageURL { get; set; }
        public Classification[] Classifications { get; set;}
    }
}
```

设计小结：

（1）同样，Celebrity 类可使用于不同类型应用中，为此将 Celebrity 类存放于类库项目 CulCelebrity 中比较合适。

（2）人物类 Celebrity 中，属性 Classifications 类型被定义为 Classification[]，原因是 Classification 类与 Celebrity 类形成了组合关系。实际上，类之间除了继承关系外，还有其他关系，如组合、依赖、关联、聚合等。在实践开发过程中可自行学习和体会，此处不做过多介绍。

3.3.4　设计四：创建控制台应用引用类库，并检验设计类

设计说明：创建控制台应用，引用类库，并检验类库中的设计类。创建思想家和教育家两个分类对象；创建文化人物对象孔子，并将其加入创建的分类对象（思想家、教育家）中。

设计实现步骤：

（1）右击项目 CulCelebrity，在弹出的快捷菜单中选择"生成"选项，生成程序集文件 CulCelebrity.dll。

（2）创建控制台应用 ConsoleAppCulCelebrity。

（3）右击应用 ConsoleAppCulCelebrity 下方的"依赖项"，在弹出的快捷菜单中选择"添加项目引用"选项。

（4）在弹出的"引用管理器"对话框中，通过"浏览"按钮添加程序集 CulCelebrity.dll。

（5）在 Program.cs 中引用类库 CulCelebrity 中相关类的名称空间：

```
using Cn.Edu.Common.CultrueCharacter;
```

（6）在 Main()方法内，编写如下代码：

```
using Cn.Edu.Common.CultrueCharacter;
using System;
namespace ConsoleApp2
{
    class Program
    {
        static void Main(string[] args)
        {
            //创建分类
            Classification c1 = new Classification("思想家", "富有独特思想和智慧的人可称
之为思想家,但是一般指是那些影响特别大的哲学家。");
            Classification c2 = new Classification("教育家", "以教育作为学科知识进行系统
研究的学问家。");
            //创建人物
            Celebrity kongZi = new Celebrity();
            kongZi.Name = "孔子";
            kongZi.Description = "名丘,字仲尼,世称"圣人",春秋时期鲁国人。我国古代伟大
的思想家、教育家,儒家学派创始人,私学创办人。孔子及其弟子的主要言行思想由孔子的弟子及再
传弟子记录在《论语》20 篇中。";
            kongZi.ImageURL = "images/kongzi.png";
            kongZi.Classifications = new Classification[] { c1, c2 }; //设置分类
            Console.ReadLine();
        }
    }
}
```

设计小结：通过对类库项目程序集的"添加项目引用"操作，以及代码中"using 对应名称空间"，应用项目就可实现访问类库中的相关设计类。

实际上，在 Visual Studio 开发工具中，一个解决方案下可以有多个项目，每个项目各自完成相对独立的功能。通过"引用"，项目之间就能实现功能的调用。

第4章 常用类和结构

各种应用开发过程中,总会用到一些通用功能,例如字符串操作、日期使用、数学运算、集合应用等。为提高开发效率、降低开发难度,通过.NET 框架基础类库,C♯ 已经实现了这些功能,开发者仅需熟悉并掌握即可。

4.1 字符串相关

之前的示例代码中,已大量使用过字符串。字符串由字符组成,其内容包含在双引号""内。

C♯ 中,常用 String 和 StringBuilder 类进行字符串操作。

4.1.1 字符串

字符串可用 System.String 类表示。string 关键字是 System.String 类的别名。以下通过构造、属性、常用方法、内容不可变性等方面认识字符串。

1. 字符串构造方式

【例 4-1】 构造字符串的常见方式。

```
String s1 = "Hello";                        //字符串常量赋值
string s2 = new String("Hello");            //构造方式1:字串常量构造
char[] letters = { 'H','e','l','l','o'};
string s3 = new string(letters);            //构造方式2:字符数组构造
```

2. 字符串的 Length 属性

【例 4-2】 使用 Length 属性获取字符串中的字符个数。

```
string str = "Hello";
Console.WriteLine(s3.Length);               //5,字符个数为 5
```

3. 字符串拼接和强制不转义

【例 4-3】 字符串用"+"号拼接。

```
string strJoin = "Hello" + "World";
Console.WriteLine(strJoin);                 //HelloWorld
```

【例 4-4】 字符串中转义字符不予自动转义处理：加@前缀。

```
string sEsc = "Hello\tWorld";
Console.WriteLine(sEsc);                        //Hello        World
string sNoEsc = @"Hello\tWorld";                //@前缀保持不被自动转义
Console.WriteLine(sNoEsc);                       //Hello\tWorld
```

4. 字符串常用方法

字符串常用方法有比较、查找、替换、去空、子字符串、大小写转换、格式化输出等。

(1) 比较相关方法：Equals()、CompareTo()。

Equals(String)：字符串内容比较,等价于"=="比较符功能。

CompareTo(String)：比较字典顺序。若第1个字符和参数的第1个字符不同,则返回第1个字符的 Unicode 码差值。若字符相同,则将第2个字符和参数的第2个字符比较,以此类推,直至不同为止,返回字符间 Unicode 码差值。若两个字符串不一样长,而前面对应字符完全一样,那么当字符串字符个数大于参数字符串的字符个数时返回1,否则返回-1。

【例 4-5】 字符串比较。

```
string s1 = "Hello";
string s2 = new String("Hello");
Console.WriteLine(ReferenceEquals(s1, s2));      //false,比较引用地址
Console.WriteLine(s1 == s2);                      //true
Console.WriteLine(s1.Equals(s2));                 //true
Console.WriteLine(s1.CompareTo(s2));              //0
Console.WriteLine("abc".CompareTo("abc123"));     //-1
Console.WriteLine("abc12".CompareTo("abc"));      //1
```

(2) 查找、判断相关方法：StartsWith()、EndsWith()、IndexOf()、LastIndexOf()、Contains()、IsNullOrEmpty()、IsNullOrWhiteSpace()等。

【例 4-6】 字符串的查找与判断。

```
Console.Write("^ada,bob$".StartsWith("^"));      //true,判断以字符串为开始
Console.Write("^ada,bob$".EndsWith("$"));        //true,判断以字符串为结束
Console.Write("^ada,bob$".IndexOf("a"));         //1,查找字符串所在索引位置
Console.Write("^ada,bob$".IndexOf("a",2));       //3,从某个下标开始查找字符串所在索引位置
Console.Write("^ada,bob$".LastIndexOf("a",3));   //3,从某个下标开始,从右往左查找字符串
                                                  //所在索引位置
Console.Write("^ada,bob$".Contains("ada"));      //true,判断是否包含字符串
Console.Write(String.IsNullOrEmpty(""));         //true,判断是 null 或空字符串""
Console.Write(String.IsNullOrWhiteSpace("\t\r")); //true,判断是 null 或空白字符串(' ','\t'
                                                  //'\n'、'\r'等组成的字符串为空白字符串)
Console.WriteLine("^ada,bob"[1]);                //a,获取字符串中下标对应的字符
```

(3) 其他常用方法——字符串大小写转换、连接、替换、去空、子字符串、分割、格式化输出：ToLower()、ToUpper()、ToCharArray()、Join()、Replace()、Trim()、TrimStart()、

TrimEnd()、Substring()、Split()、Format()。

【例 4-7】 字符串大小写转换、连接、替换、去空、子字符串、分割、格式化输出。

```
Console.WriteLine("Hello".ToLower());                    //hello
Console.WriteLine("Hello".ToUpper());                    //HELLO
char[] chars = "Hello".ToCharArray();                    //转字符数组
//静态方法 Join()可将 2 个以上参数字串连接起来
Console.WriteLine(String.Join(",", "ada","bob"));        //ada,bob
Console.WriteLine("Hello".Replace("ello","i"));          //Hi,替换
//Trim()去除首尾空白字符。除' '外,包括'\t'、'\n'、'\r'也是空白字符
//另外,TrimStart()去除首部空白,TrimEnd()去除尾部空白
Console.WriteLine(" Hello\t".Trim().Length);             //5
Console.WriteLine("ada,bob".Substring(4));               //bob,指定下标到结束的子串
Console.WriteLine("ada,bob".Substring(4,2));             //bo,开始下标和长度的子串
//Split()按指定分割符分割,如下,通过断点可观察生成了字符串数组
string[] names = "ada,bob;kim".Split(',',';');           //{"ada","bob";"kim"}
//静态方法 String.Format(),通过{0}{1}的形式返回拼接字符串
Console.WriteLine(String.Format("{0}:{1}", "Ada", 18));  //Ada:18
//String.Format(),{0}{1}形式可结合 C(货币)、E(科学记数法)、N(用逗号隔开数字)等
Console.WriteLine(string.Format("{0:N1}", 12345));       //12,345.0,N用逗号分隔
Console.WriteLine(string.Format("{0:C}", 1.2));          //￥1.20,C 表示加货币符
```

5. 字符串内容的不可变性

在进行获取子字符串、连接、替换、去空、大小写转换等常用操作时,并不改变原字符串内容,而是创建一个新字符串对象返回。这就是字符串的内容不变性特征。若频繁操作,会大量消耗资源,甚至可能造成内存泄漏、应用崩溃。

【例 4-8】 用 String 做字符串内容频繁拼接。

```
String s = "";
for (int i = 0; i < 1000000; i++)
{
  s = s + "0"; // + 字符串拼接
}
Console.WriteLine(s.Length);
```

运行时,控制台可能长时间没有反应。因为 1000000 次的字串拼接比较耗时,根据字符串内容的不变性特征,每次循环都会创建新的字符串对象,并由 s 变量引用,原来的旧字符串不再引用。其结果是大量字符串都成为不再被引用的临时对象,浪费内存、影响效率。要避免这一问题,建议使用 StringBuilder 类。

4.1.2 高效操作字符串

字符串还可用 System.Text.StringBuilder 类表示。

【例 4-9】 用 StringBuilder 做字符串内容频繁拼接。

```
StringBuilder sb = new StringBuilder();
for (int i = 0; i < 1000000; i++)
```

```
{
    sb.Append('0');
}
Console.WriteLine(sb.Length); //1000000
```

即刻出现运行结果：

```
1000000
```

分析：StringBuilder 对象是一个内容可变对象。它有字符缓冲区，StringBuilder 对象中添加、修改、删除字符时，不会创建新的对象，字符内容修改操作直接在缓冲区中进行。

作为 String 在内容操作上高效率的替代，StringBuilder 有很多类似 String 中的方法，如下所述。

[index]：用下标访问内部字符；

Length 属性：返回字符串长度，即字符个数；

Append(String)：字符串追加；

AppentFormat(String, params object[])：字符串格式化追加；

Remove(int，int)：从指定下标开始，删除若干字符；

Insert(int，String)：在指定下标处插入字符串；

Replace(String，String)：字符串替换。

【例 4-10】 StringBuilder 常用操作：获取字符，求字符串长度，移除、插入、替换和格式化追加字符串。

```
using System;
using System.Text;
...
StringBuilder sb = new StringBuilder("HelloWorld");
Console.WriteLine(sb[1]);                  //e,用下标获取内部字符
Console.WriteLine(sb.Length);              //10
sb.Append(",世界你好");                     //字符串追加；在缓冲区中操作,资源开销小
Console.WriteLine(sb);                     //HelloWorld,世界你好
sb.Remove(10,5);                           //从下标 10 开始,删除 5 个字符；缓冲区操作
Console.WriteLine(sb);                     //HelloWorld
sb.Insert(5, " ");                         //在下标 5 处插入字符串
Console.WriteLine(sb);                     //Hello World
sb.Replace(" ", ",");                      //字符串替换
Console.WriteLine(sb);                     //Hello,World
//AppendFormat (): 格式化追加
StringBuilder where = new StringBuilder(" WHERE 1 = 1 ");
where.AppendFormat(" and did = '{0}'", "001");  //格式化追加
Console.WriteLine(where);                  //WHERE 1 = 1 and did = '001'
```

4.2 数 学 相 关

4.2.1 Math 类

为方便数学运算,C#中设计了 System. Math 类,内含大量的与数学运算相关的静态方法,同时定义了 PI 和 E 这两个数学常量,如表 4-1 所示。

表 4-1 Math 类常用方法和常量

方法/常量	描　述	示　例	结　果
PI	PI 值	Math. PI	3.1415926535897931
E	E 值	Math. E	2.7182818284590451
Min(v1,v2)	求最小值	Math. Min(1, 2)	1
Max(v1,v2)	求最大值	Math. Max(3, 4)	4
Round(v) Round(v,f)	按"四舍六入五成双"规则取值	Math. Round(3.5)	4
		Math. Round(4.5)	4
		Math. Round(12.345, 2)	12.34
		Math. Round(12.355, 2)	12.36
Abs(v)	求绝对值	Math. Abs(−1.2)	1.2
Pow(v,p)	求数的几次方	Math. Pow(2,3)	8
Sqrt(v)	开平方	Math. Sqrt(9.0)	3
Cbrt(v)	开立方	Math. Cbrt(27.0)	3
Sign(v)	符号方法:当值为 0 时返回 0,当值大于 0 时返 1,当值小于 0 时返回 −1	Math. Sign(1.2)	1
Floor(v)	地板数:小于目标数的最大整数	Math. Floor(−3.4)	−4
Ceiling(v)	天花板数:小于目标数的最大整数	Math. Ceiling(3.4)	4

注意,Math. Round()方法默认用"四舍六入五成双"舍入法,即"四舍六入五考虑。五后非零就进一,五后为零看奇偶,五前为偶应舍去,五前为奇要进一"。若要使用四舍五入法,则可用 Math. Round()的第三个参数 MidpointRounding. AwayFromZero。

【例 4-11】 四舍五入法。

```
double d3 = Math.Round(12.345, 2, MidpointRounding.AwayFromZero);
Console.WriteLine(d3);      //12.35
```

另外,Math 类中还有三角函数和反三角函数等方法可供使用,需要时可查阅,此处不再展开。

4.2.2 Random 类

C#设计了 System. Random 类作为伪随机数生成器,专用于生成各种伪随机数。
构造伪随机生成器有两种方式:无参构造和带种子数的有参构造。建议使用无参构造,其内部实际使用一个与时间相关的种子数,因为时间总是在变化的,可保证生成的随机数每次不同。在特殊情况下才使用指定种子数的有参构造。

【例 4-12】 产生随机整数:带参与不带参。

```
Random rand = new Random();
int i1 = rand.Next();              //两次执行值不会相同。如第 1 次执行时值是 885645085,第 2 次
                                   //执行时值是 1961351722
Random randSeed = new Random(99);
int i9 = randSeed.Next();          //两次执行值相同。如第 1 次执行时值是 958527983,第 2 次执行
                                   //时值还是 958527983
```

Random 类常用方法如表 4-2 所示。

表 4-2 Random 类常用方法

方　　法	描　　述	示　　例	结　　果
Next()	生成非负随机整数	rand.Next()	585593597
Next(max)	生成[0,max)的随机整数	rand.Next(10)	5
Next(min, max)	生成[min, max)的随机整数	rand.Next(1, 11)	7
NextDouble()	生成[0,1)的随机小数	rand.NextDouble()	0.10837994288112034

【例 4-13】 取出[1,30]的 6 个幸运数字。

```
Random rand = new Random();
int[] lucks = new int[6];              //lucks 存放 6 个幸运数字,默认为 0
int luck;
for(int i = 0; i < lucks.Length; i++)
{
    getLuck:
    luck = rand.Next(1, 31);
    if(Array.IndexOf(lucks, luck) < 0)       //lucks 中不存在该 luck 值
    {
        lucks[i] = luck;
    }
    else
    {
        goto getLuck;                        //很少用到 goto,跳转到 getLuck 标签处执行
    }
}
foreach (int num in lucks)
    Console.Write(num + "\t");              //13 9 11 8 5 22
```

以上代码,即例 2-30 的代码。本处使用 Random 类的实例方法 Next() 来获取随机整数,核心代码为"Random rand = new Random();"和"luck = rand.Next(1, 31);",用以产生 1～31(不含 31)的随机整数。

4.3 日期和时间

日期和时间在应用中会经常使用到。为此，C♯中提供了 System.DateTime 结构来表示，并可进行相关运算和格式化输出。

1. 创建 DateTime 对象

可使用构造创建 DateTime 对象，通过静态 Now 属性获取当前日期和时间。

【例 4-14】 获取日期和时间。

```
DateTime dt = new DateTime();            //默认值为 0001 年 1 月 1 日 00:00:00
DateTime dt2 = new DateTime(2021,8,3,7,9,6);   //{2021/8/3 7:09:06},表示年月日时分秒
DateTime now = DateTime.Now;             //{2021/8/5 14:23:59},当前日期和时间
```

2. 获取属性值

可单独获得 Date、Year、Month、Day、Hour、Minute、Second、Ticks（0001 年 1 月 1 日 00:00:00 以来每隔 100ns 为一个 Tick）等一系列属性值。

【例 4-15】 获取 DateTime 常见属性值。

```
DateTime now = DateTime.Now;       //假设{2021/8/5 15:07:49}为当前日期和时间
DateTime date = now.Date;          //{2021/8/5 0:00:00}
int year = now.Year;               //2021
int month = now.Month;             //8
int day = now.Day;                 //5
int hour = now.Hour;               //15
int minute = now.Minute;           //7
int second = now.Second;           //49
long ticks = now.Ticks;            //637637712030263887
DateTime today = DateTime.Today;   //{2021/8/5 0:00:00}
```

3. 计算

用 Add()、Equals()、Compare()方法和＋、－、＝＝、！＝、＞、＜、＜＝、＞＝运算符，进行 DateTime 的加减和比较。加减的参数和比较的结果使用 System.TimeSpan 结构表示。

System.TimeSpan 结构以天、时、分、秒和毫秒为单位表示时间。

【例 4-16】 日期和时间的计算。

```
DateTime now1 = DateTime.Now;              //{2021/8/5 16:29:41}
DateTime dt2 = now1;                       //DateTime 是结构,为值类型,直接复制,相互不会影响
TimeSpan timeSpan = new TimeSpan(1,2,3,4,5);  //以天、时、分、秒和毫秒为单位
DateTime dt1 = now1.Add(timeSpan);         //{2021/8/6 18:32:45}
dt2 = dt2.AddDays(1);                       //对多个属性加值,和 Add(timeSpan)效果相同
dt2 = dt2.AddHours(2);
dt2 = dt2.AddMinutes(3);
dt2 = dt2.AddSeconds(4);
dt2 = dt2.AddMilliseconds(5);              //{2021/8/6 18:32:45}
Console.WriteLine(dt2.Equals(dt1));        //true
```

常用类和结构

```
Console.WriteLine(dt2 - dt1);                      //00:00:00
int iComp = DateTime.Compare(dt1, dt2);            //0,当 dt1 > dt2 时返回正数,当 dt1 < dt2
                                                   //时返回负数
bool eq = dt1 == dt2;                              //true, != 、>、<、>= 、<= 概念类似
```

4. 格式输出

DateTime 调用 Tostring() 传入的格式参数,进行格式化输出日期和时间。格式参数可分为制式和自定义两种。

制式：系统自带的,传入特定的单个字符参数,就可以转换为系统已设定好的格式。

【例 4-17】 指定制式输出日期和时间。

```
DateTime now = DateTime.Now;
Console.WriteLine( now.ToString("d"));             //2021/8/5,短日期格式
Console.WriteLine( now.ToString("D"));             //2021 年 8 月 5 日,长日期格式
Console.WriteLine( now.ToString("f"));             //2021 年 8 月 5 日 20:11,长日期短时间
Console.Write(now.ToString("F"));                  //2021 年 8 月 5 日 20:11:54,长日期长时间
Console.WriteLine( now.ToString("g"));             //2021/8/5 20:11,短日期短时间
Console.WriteLine( now.ToString("G"));             //2021/8/5 20:11:54,短日期长时间
Console.WriteLine( now.ToString("m"));             //8 月 5 日,月日格式。"M"也可
Console.WriteLine( now.ToString("t"));             //20:11,短时间格式
Console.WriteLine( now.ToString("T"));             //20:11:54,长时间格式
Console.WriteLine( now.ToString("y"));             //2021 年 8 月,年月格式。"Y"也可
```

自定义：自由组合日期和时间代码(y 年、M 月、d 日、h 时、m 分、s 秒、f 毫秒)来展示日期格式。

【例 4-18】 自定义格式输出日期和时间。

```
Console.WriteLine(dt.ToString("yy/MM/dd hh:mm:ss ff"));            //21/08/ 05 08:50:25 96
Console.WriteLine(dt.ToString("yyyy - MM - dd hh:mm:ss ffff"));    //2021 - 08 - 05 08:50:25 967
Console.WriteLine(dt.ToString(
   "yy 年 MM 月 dd 日 hh:mm:ss ffff"));                             //21 年 08 月 05 日 08:50:25 9675
Console.WriteLine(dt.ToString("yyyy 年 MM 月 dd 日 dddd dd "));
                                                                   //2021 年 08 月 05 日 星期四 周四
```

自定义格式说明：yy 为两位年份；yyyy 为四位年份；MM 为两位月份；dd 为两位显示日,hh 为十二小时制时数；HH 为二十四小时制时数；mm 为分钟数,ss 为两位秒数；ff 为毫秒前两位；fff 为毫秒前 3 位；ffff 为毫秒前 4 位；ddd 为周几；dddd 为星期几。

4.4 项目案例——中国当代著名科学家, 华夏真脊梁 1

当代中国,有一大批科学家在我国的经济建设、社会发展、国防建设方面发挥了重大作用,也服务于世界科学知识的积累和经济社会的发展。

中国航天之父、火箭之王钱学森,为新中国的航天事业跃入世界前列立下了不朽功勋；

诺贝尔奖得主屠呦呦，在疟疾肆虐的年代推广应用青蒿素，缓解了疟疾的传播，挽救了全球数百万人的生命；杂交水稻之父袁隆平，致力于水稻研究，为我国农业生产及世界和平与发展做出了巨大的贡献；中国现代数学之父华罗庚，对哥德巴赫猜想做出了许多重大贡献，是中国解析数论、矩阵几何学、典型群、自守函数论等领域的创始人和开拓者，在典型群方面的研究领先西方数学界十多年；著名核物理学家于敏，在氢弹原理突破中起了关键作用，被誉为中国"氢弹之父"，他长期从事核武器理论研究、设计，对中国核武器发展到国际先进水平做出了重要贡献。这样的科学家不胜枚举。

请设计一个能随机推荐一位中国当代著名科学家的系统。

提示：实现过程中尽量使用本章所学的日期和时间、Random 类等知识点；另外，因显示需要，请创建 Windows 窗体应用项目，使用 PictrueBox 控件显示图片，使用 Label 控件显示姓名、生日、简介等文本信息，使用 Button 控件 Click 事件实现"随机再推荐"功能。

4.4.1 设计一："科学家信息显示"窗体

设计说明：进行窗体界面设计，用以显示一位科学家。界面上应该显示姓名、生日、简介、图片，并在下方有一个"随机再推荐"按钮。

设计实现步骤：

（1）创建一个 C♯ Windows 窗体应用项目 WinFormScientists，具体过程参见 1.5.2 节。

（2）单击左侧"工具箱"，打开"所有 Windows 窗体"选项卡，拖曳 3 个 Label 控件、1 个 PictureBox 控件和 1 个 Button 控件到窗体中。"科学家信息显示"窗体设计界面效果如图 4-1 所示。

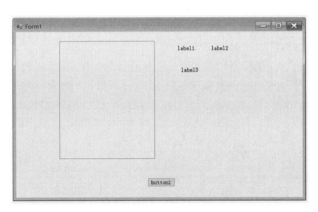

图 4-1 "科学家信息显示"窗体设计界面

（3）对各控件逐一右击，在弹出的快捷菜单中选择"属性"选项，在"属性"窗体中设置各控件的属性值。

```
Form1: Name = "FormScientists"; Text = "中国当代著名科学家"
pictureBox1: Name = "pictureBoxImg"; SizeMode = "Zoom"
label1: Name = "labelName"; Font = "楷体, 15pt, style = Bold"
label2: Name = "labelBirth"; Font = "楷体, 14pt"
Label3: Name = "labelDesc"; Font = "楷体, 15pt"; AutoSize = false(再用鼠标拖拉调整尺寸值)
button1: Name = "buttonRandom"; Text = "随机再推荐"
```

调整属性后，"科学家信息显示"窗体设计界面效果如图4-2所示。

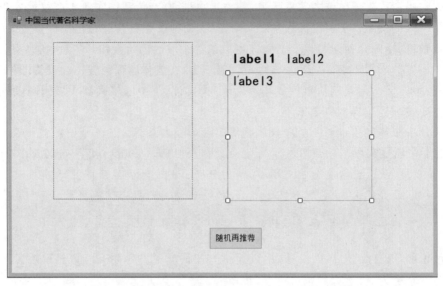

图 4-2　调整属性后的"科学家信息显示"窗体设计界面

4.4.2　设计二：设计科学家类

设计说明：设计一个类，用以存放一位科学家的信息。所含信息应包括姓名、生日、简介和图片。

提示：类设计可参考3.3.1节或3.3.3节。

设计实现步骤：

（1）在"解决方案资源管理器"窗口中，右击项目 WinFormScientists，在弹出的快捷菜单中选择"添加"→"类"选项，设置名称为 Scientist.cs，单击"添加"按钮。

（2）在"代码设计"窗口中，实现 Scientist 类代码如下：

```
using System;
namespace WinFormScientists
{
    public class Scientist
    {
        public String Name { set; get; }
        public DateTime Birthday { set; get; }
        public String Description { set; get; }
        public String ImageURL { set; get; }
        public Scientist() { }
        public Scientist(string name, DateTime birth, String desc, String imgUrl)
        {
            Name = name;
            Birthday = birth;
            Description = desc;
            ImageURL = imgUrl;
```

```
        }
    }
}
```

4.4.3　设计三：实现"随机再推荐"功能

设计说明：创建 5 位科学家对象，存入数组中；随机获取一位科学家，加载信息到窗体；实现单击"随机再推荐"按钮后，随机再获取一位科学家信息，并加载到窗体。

设计实现步骤：

（1）准备素材。

素材信息应包括每位科学家的姓名、生日、简介，以及科学家相应的图片文件。

（2）图片文件存放到项目输出目录中。

为便于代码以 Application.StartupPath＋@"\图片名.扩展名"形式访问图片文件，操作如下：

① 右击项目 WinFormScientists，在弹出的快捷菜单中选择"添加"→"新建文件夹"选项，设置名称为 Images，并将科学家照片文件放入其中，如图 4-3 所示。

② 选中所有图片文件，右击，在弹出的快捷菜单中选择"属性"选项，设置"复制到输出目录"为"始终复制"，如图 4-4 所示。

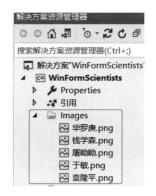

图 4-3　科学家图片文件放入新建
文件夹 Images 中

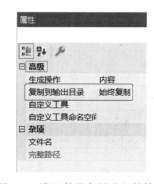

图 4-4　设置科学家图片文件始终
"复制到输出目录"

（3）代码实现和运行。

① 初始化科学家数据。

在 FormScientists 类中加入数组 Scientist[]，代码如下：

```
using System;
using System.Windows.Forms;
namespace WinFormScientists
{
    public partial class FormScientists : Form
    {
        static Scientist[] scientists = new Scientist[]{
            new Scientist("钱学森",new DateTime(1911,12,11),
```

```
            "中国航天之父、火箭之王，为新中国的航天事业跃入世界前列立下了不朽功勋",
                Application.StartupPath + @"\Images\钱学森.png"),
        new Scientist("屠呦呦", new DateTime(1930,12,30),
            "诺贝尔奖得主，在疟疾肆虐的年代，推广应用青蒿素，缓解了疟疾的传播，挽救了全
球数百万人的生命", Application.StartupPath + @"\Images\屠呦呦.png"),
        new Scientist("袁隆平", new DateTime(1930,9,7),
            "中国杂交水稻之父，致力于水稻研究，为我国农业生产及世界和平与发展做出了巨
大的贡献", Application.StartupPath + @"\Images\袁隆平.png"),
        new Scientist("华罗庚", new DateTime(1910,11,12),
            "中国现代数学之父，中国解析数论、矩阵几何学、典型群、自守函数论等创始人和开
拓者，在典型群方面的研究领先西方十多年", Application.StartupPath + @"\Images\华罗庚.
png"),
        new Scientist("于敏", new DateTime(1926,8,16),
            "氢弹之父，为中国氢弹原理突破起了关键作用。长期从事核武器理论研究、设计，对
中国核武器发展到国际先进水平做出了重要贡献", Application.StartupPath + @"\Images\于敏.
png"),
    };
    public FormScientists()
    {
        InitializeComponent();
    }
}
}
```

② 进入窗体时随机显示某位科学家。

在窗体空白处双击，生成窗体 Load 事件处理方法，在方法中编写如下代码，用以显示
某位随机选出的科学家信息。

```
using System;
using System.Windows.Forms;
namespace WinFormScientists
{
    public partial class FormScientists : Form
    {
        ...
        private void FormScientists_Load(object sender, EventArgs e)
        {
            //随机获得某科学家
            Random rand = new Random();
            int idx = rand.Next(scientists.Length); //获得随机下标值
            Scientist scientist = scientists[idx];
            //显示科学家信息
            pictureBoxImg.ImageLocation = scientist.ImageURL;
            labelName.Text = scientist.Name;
            labelBirth.Text = scientist.Birthday.ToString("yyyy/MM/dd");
            labelDesc.Text = scientist.Description;
        }
    }
}
```

③ 单击"启动"按钮或按 F5 键,启动应用,窗体将随机显示一位科学家的信息,效果如图 4-5 所示。

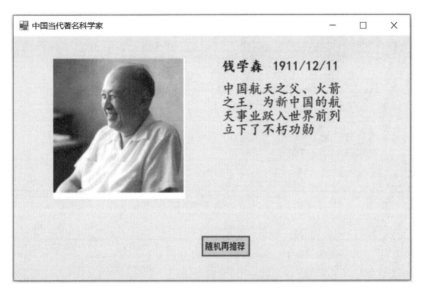

图 4-5　启动应用后窗体随机显示一位科学家信息

④ 单击"随机再推荐"按钮实现"随机再推荐"功能。

双击按钮生成按钮 Click 事件处理方法,在方法中编写调用 FormScientists_Load()方法,即可实现"随机再推荐"显示。代码如下所示:

```csharp
using System;
using System.Windows.Forms;
namespace WinFormScientists
{
    public partial class FormScientists : Form
    {
        ...
        private void buttonRandom_Click(object sender, EventArgs e)
        {
            FormScientists_Load(null, null);
        }
    }
}
```

⑤ 单击"启动"按钮或按 F5 键,启动应用,窗体将随机显示一位科学家的信息,效果如图 4-5 所示。此时单击"随机再推荐"按钮,将随机切换科学家信息,如从航天之父钱学森切换为诺贝尔得主屠呦呦,如图 4-6 所示。

项目小结:

(1) 为显示信息,需要选择合适的窗体控件。本项目中为了显示科学家用到了 3 个 Label 控件、1 个 PictureBox 控件和 1 个 Button 控件。3 个 Label 控件分别显示科学家姓名、生日和简介;PictureBox 控件用于显示科学家图片;Button 控件用于单击事件处理,实

常用类和结构

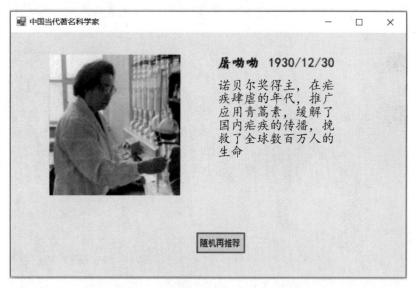

图 4-6　单击"随机再推荐"按钮随机切换科学家信息

现"随机切换显示科学家信息"。

（2）为方便管理科学家信息，有必要设计类 Scientist。Scientist 类的属性设置显然应该和窗体设计中控件显示一致，为此在 Scientist 类中设计了 Name、Birthday、Description及 ImageURL 共 4 个属性。

为了创建 Scientist 对象的同时初始化属性值，可定义一个带参构造来处理：

```
Scientist(string name,DateTime birth,String desc,String imgUrl)
```

（3）将科学家图片文件复制到输出目录中，有利于项目的部署。

（4）以数组形式 Scientist[] scientists 存放科学家信息，并将该变量设置为窗体类FormScientists 的成员，以便于整个窗体类中的代码都能访问到。

（5）可采用随机数获得随机科学家对象：

```
scientist = scientists[new Random().Next(scientists.Length)];
```

（6）可用 DateTime 类的格式化输出方法来显示生日：

```
scientist.Birthday.ToString("yyyy/MM/dd");
```

（7）在窗体加载事件处理方法以及按钮单击事件处理方法中，加入获得随机科学家对象和信息显示的相关代码，实现案例项目的"随机再推荐"功能。

第5章 　　　集　　合

数组是用来存储同类型数据的。但是数组有一定的局限,即一旦数组创建了,其容量就限定了。如"string[] names＝new String[5];"限制了容量为 5 个元素,当设置"names[5]＝"ada";"时就会发生"数组下标越界"异常。而采用集合(collection)相关类就可突破该容量限制,其容量在不够时会自动扩充。

集合类可以看成一种特殊的数组,也用以存储多个数据。C♯提供了对栈(stack)、队列(queue)、列表(list)和哈希表(hash table)等不同类型的支持。

C♯中集合类又分为非泛型集合类和泛型集合类两种。非泛型集合类可以存储各类对象,常用类为 ArrayList 和 Hashtable;而泛型集合类用以保存指定类型对象,常用类为 List<T>和 Dictionary<K,V>。泛型集合类在代码上消除了强制类型转换语句,在减少转换出错概率的同时,提高了代码的可读性。因此,在实际项目中,一般使用泛型集合类。

5.1　非泛型集合类

非泛型集合类定义在 System. Collections 名称空间中,常用的类有 ArrayList(数组列表)和 Hashtable(哈希表)。

5.1.1　ArrayList

ArrayList 常作为传统数组的替代,提供了常用属性(如 Count、Capability)和常用方法(如 Add()、AddRange()、Insert()、Remove()、RemoveAt()、Clear()、Contains()、IndexOf()、LastIndexOf()、Sort()、Reverse()等)。

1. 添加元素,判断元素个数与容量

在 ArrayList 中添加元素,可通过 Add()、AddRange()、Insert()三个方法实现。判断ArrayList 中元素个数用 Count 属性,判断容量则用 Capacity 属性。

【例 5-1】　在 ArrayList 中添加元素,判断元素个数与容量。

```
using System;
using System.Collections;
...
ArrayList aryLst = new ArrayList();
aryLst.Add("Ada");                              //添加 string 元素
aryLst.Add(46);                                 //添加 int 元素
aryLst.AddRange(new ArrayList(){ 119, 143, 132 });   //添加范围元素
aryLst.Insert(1, 'F');                          //在下标 1 处插入 char 元素
```

```
foreach(object ele in aryLst)
        Console.Write(ele + "\t");                          //Ada F 46 119 143 132
Console.WriteLine(                                           //元素有 6 个,容量为 8
    "元素有{0}个,容量为{1}", aryLst.Count, aryLst.Capacity);
```

2. 删除元素

删除元素可通过 Remove()、RemoveAt()、Clear()三个方法实现。

【例 5-2】 删除 ArrayList 中的元素。

```
using System;
using System.Collections;
...
ArrayList scores = new ArrayList() { 119, 143, 132, 119 };
scores.Remove(119);                                         //删除第一个值为 119 的元素
foreach (object score in scores)
  Console.Write(score + "\t");                              //143 132 119
scores.RemoveAt(0);                                         //删除下标为 0 的元素
foreach (object score in scores)
    Console.Write(score + "\t");                            //132 119
scores.Clear();                                             //清空元素
foreach (object score in scores)
    Console.Write(score + "\t");                            //无显示
```

3. 修改元素

修改元素可通过下标方式进行。

【例 5-3】 修改 ArrayList 中元素的值。

```
using System;
using System.Collections;
...
ArrayList scores = new ArrayList() { "A+", "B+", "A+" };
scores[0] = 70;
scores[1] = 64;
scores[2] = 70;
foreach (object score in scores)
    Console.Write(score + "\t");        //70, 64, 70
```

4. 查询元素

查询元素可通过 Contains()、IndexOf()、LastIndexOf()三个方法实现。

【例 5-4】 查询 ArrayList 中的元素。

```
using System;
using System.Collections;
...
ArrayList scores = new ArrayList() { 70, 64, 70, 61, 64 };
int idx1 = scores.IndexOf(70);          //0,从首部查找元素,返回找到的第一个元素所在下标,
                                        //若找不到则返回 - 1
int idx2 = scores.IndexOf(70,1);        //2,从特定下标往后寻找元素,返回找到的第一个元素
                                        //所在下标,若找不到则返回 - 1
```

```
int idx3 = scores.LastIndexOf(70);          //2,从尾部查找元素,返回找到的第一个元素所在下标,
                                             //若找不到则返回 - 1
int idx4 = scores.LastIndexOf(70,1);        //0,从特定下标往前寻找元素,返回找到的第一个元素
                                             //所在下标,若找不到则返回 - 1
bool b = scores.Contains(70);               //true,判断是否包含元素
```

5. 元素排序

对元素排序,可通过 Sort()方法实现,倒序则用 Reverse()方法实现。

【例 5-5】 ArrayList 中元素的排序。

```
using System;
using System.Collections;
...
ArrayList scores = new ArrayList() { 70, 64, 70, 61, 64 };
scores.Sort();
foreach (object score in scores)
    Console.Write(score + "\t");            //61 64 64 70 70
scores.Reverse();
foreach (object score in scores)
    Console.Write(score + "\t");            //70 70 64 64 61
```

5.1.2 Hashtable

Hashtable 类似字典,以键值对保存元素。其中,键必须是唯一的,而值不需要唯一。通过唯一的键值就可找到对应的元素值。Hashtable 提供了常用属性(如 Count、Keys、Values)和常用方法(如 Add()、Remove()、Clear()、ContainsKey()、ContainsValue()等)。

1. 添加元素、判断元素个数

添加元素可通过 Add()方法,判断元素个数可通过 Count 属性。

【例 5-6】 添加 Hashtable 元素。

```
using System;
using System.Collections;
...
Hashtable ht = new Hashtable();
ht.Add(1, "Ada");                           //添加元素
ht.Add("two", "Bob");                       //添加元素
foreach (Object key in ht.Keys)
        Console.Write(ht[key] + "\t");      //Bob Ada
int cnt = ht.Count;                         //2,元素个数
```

2. 修改、删除元素

删除元素可通过 Remove()、Clear()方法,修改元素可通过 key 下标方式。

【例 5-7】 删除 Hashtable 元素。

```
using System;
using System.Collections;
```

```
...
Hashtable ht = new Hashtable();
ht.Add(1, "Ada");
ht.Add("two", "Bob");
ht.Remove("two");                              //删除 key 对应的元素
int cnt = ht.Count;                            //1,元素个数
ht[1] = "Amanda";                              //通过 key 下标修改元素
foreach (object val in ht.Values)
    Console.Write(val + "\t");                 //Bob Amanda,已修改
```

3. 查询元素

查询元素可通过 ContainsKey()、ContainsValue()方法。

【例 5-8】 查询 Hashtable 元素。

```
using System.Collections;
...
Hashtable ht = new Hashtable();
ht.Add(1, "Ada");
ht.Add("two", "Bob");
bool b2 = ht.ContainsKey("two");
bool b3 = ht.ContainsValue("Bob");             //true,判断 value 是否存在
```

5.2 泛型集合类

泛型集合类定义在 System.Collections.Generic 名称空间中。常用类为 List < T >和 Dictionary < K,V >。项目实践中泛型集合类使用频繁,应该重点掌握。

5.2.1 List < T >

List < T >不仅具有 ArrayList 集合类功能,通过泛型还能指定操作元素的类型。常用的方法有 Add()、AddRange()、Insert()、Remove()、RemoveAt()、Sort()、Reverse()、Clear(),常用的属性有 Count。

【例 5-9】 List < T >元素的添加、插入、删除、排序、遍历和获取元素个数等。

```
using System;
using System.Collections.Generic;
...
List < int > list = new List < int>();
list.Add(70);                        //添加 int 元素,成功
//list.Add("A+");                    //编译出错"无法从 string 转换为 int"
//new List < T > (IEnumerable < T > collection): 以集合参数创建 List < T >,如下
List < String > names                //泛型指定<String>,所以 list 中只能放置 String 元素
 = new List < String >(new String[]{ "Bob", "Ada","Carl" });
//添加、删除、修改元素
```

```
//names.Add(70);                              //编译出错"无法从 int 转换为 string"
names.Add("Daniel");                          //添加元素,names 为 Bob、Ada、Carl、Daniel
names.AddRange(new string[] { "Fanny","Edwin" });      //添加范围元素,names 为 Bob、Ada、Carl
                                              //Daniel、Fanny、Edwin
names.Insert(3, "Amanda");                    //在下标 3 位置插入元素 Amanda,names 为 Bob、Ada、Carl
                                              //Amanda、Daniel、Fanny、Edwin
bool op1 = names.Remove("Edwin");             //true,删除成功则返回 true,否则返回 false。names 为
                                              //Bob、Ada、Carl、Amanda、Daniel、Fanny
names.RemoveAt(2);                            //删除下标 2 位置元素 Ada,names 为 Bob、Ada、Amanda
                                              //Daniel、Fanny
int cnt1 = names.Count;                       //5,元素个数
//排序、倒序
names.Sort();                                 //排序,names 为 Ada、Amanda、Bob、Daniel、Fann
names.Reverse();                              //倒序,names 为 Fanny、Daniel、Bob、Amanda、Ada
foreach (string name in names)                //遍历元素
    Console.Write(name + "\t");               //Fanny、Daniel、Bob、Amanda、Ada
names.Clear();                                //清空元素
int cnt2 = names.Count;                       //0,元素个数
```

5.2.2 Dictionary < K,T >

Dictionary<K,T>是存放与操作键值对的集合类,它不仅具有 Hashtable 集合类功能,通过泛型还能指定键与值的类型。常用的方法有 Add()、Remove()、Clear()、ContainsKey()、ContainsValue(),常用的属性有 Count、Keys、Values。

【例 5-10】 Dictionary<K,T>元素的添加、遍历、删除,获取元素个数、修改元素值、判断元素是否存在等。

```
Dictionary< int,string > dic = new Dictionary< int, string >();
dic.Add(1, "Ada");                            //添加元素成功,键值对类型正确
//dic.Add("two", "Bob");                       //添加元素失败,键值对类型错误
dic.Add(2, "Bob");
foreach (int key in dic.Keys)
    Console.Write(dic[key] + "\t");           //Ada Bob
int cnt1 = dic.Count;                         //2,元素个数
dic.Remove(2);                                //删除 key = 2 对应的元素 Bob
int cnt2 = dic.Count;                         //1,元素个数
dic[1] = "Amanda";                            //通过下标 key 修改元素
foreach (string val in dic.Values)
    Console.Write(val + "\t"); ;              //Amanda,修改了
bool b2 = dic.ContainsKey(1)                  //true,判断 key 是否存在
bool b3 = dic.ContainsValue("Bob");           //false,判断 value 是否存在
dic.Clear();                                  //清除元素
int cnt3 = dic.Count;                         //0,元素个数
```

5.2.3 List＜T＞类型与数组类型的转换

很多场合下，有 List＜T＞类型和数组类型进行互转的需要。

数组类型转换为 List 类型，使用数组实例的 ToList()方法；List 类型转换为数组类型，使用 List 实例的 ToArray()方法。

【例 5-11】 Emp 数组转换为 List＜Emp＞。

```
class Emp     //定义一个类
{
    public int id;
    public String name;
    public Emp(int id, string name)
    {
        this.id = id; this.name = name;
    }
}
```

测试：

```
Emp[] empAry = { new Emp(1,"Ada"), new Emp(2,"Bob") };    //创建对象数组
List＜Emp＞ list = empAry.ToList＜Emp＞();      //转换为 List,注意先用 using System.Linq
```

【例 5-12】 List＜Emp＞转换为 Emp 数组。

```
List＜Emp＞ list = new List＜Emp＞();                  //创建 List 对象
list.Add(new Emp(1, "Ada"));
list.Add(new Emp(2, "Bob"));
Emp[] empAry = list.ToArray();                       //转换为数组
```

5.3 项目案例——中国当代著名科学家，华夏真脊梁 2

第 4 章的项目案例中，选择创建了 5 位当代中国科学家，他们都有着科学家崇高的情操、爱国的情怀、执着的追求和忘我的精神。

除了上述 5 位伟大的科学家，中国还有很多很多非常优秀的科学家。他们都是我国的骄傲，值得每一个人发自内心的尊重。此时如果想在原来系统中加入其他科学家，例如"杨振宁"和"竺可桢"，怎么操作呢？

显然，原有的数组方式存放科学家信息，扩充性太差，不再适合，那么可考虑采用本章所学的泛型集合类来存储；另外，可增补一个"添加科学家信息"功能，既可验证泛型集合类的可扩充性，同时也让系统更完善。

请改造原来的"中国当代著名科学家推荐系统"。

具体设计要求和步骤如下。

5.3.1 设计一：优化科学家信息的存储设计

设计说明：科学家信息原来是放置在数组中的，但数组无法直接扩充，操作不当还会造

成下标越界异常。为此,考虑将数组方式存放改为集合类 List＜T＞方式存放,即采用 List＜Scientist＞变量存储可变个数的科学家信息。

设计实现步骤:

(1) 在"解决方案资源管理器"窗口中,打开第 4 章案例项目 WinFormScientists,单击 FormScientists.cs 窗体文件,进入代码设计窗体。

(2) 在 Scientist[] scientists 定义的下方,加入数组转换为 List 的代码:

```
public static List＜Scientist＞ listScientist          //"添加窗体"调用,设为 public
    = scientists.ToList＜Scientist＞();                //需要用 using System.Linq;
```

(3) 在 FormScientists_Load()方法中,改写数组操作为 List 操作。
将如下代码:

```
int idx = rand.Next(scientists.Length);           //获得随机下标值
Scientist scientist = scientists[idx];
```

修改为:

```
int idx = rand.Next(listScientist.Count);         //获得随机下标值
Scientist scientist = listScientist[idx];
```

(4) 单击"启动"按钮或按 F5 键,启动应用,效果与原系统一致。

5.3.2 设计二:"添加科学家信息"功能

设计说明:为实现"添加科学家信息"功能,应该增加一个窗体。窗体上应含有针对科学家图片文件上传及显示的相关控件;针对科学家姓名、简介文字信息输入所需的控件;针对生日,能输入日期的控件;另外,需加一个"添加"按钮控件,在其 Click 事件处理方法中编写具体的"添加科学家信息"功能代码。

设计实现步骤:

(1) 提示"添加图片"文件的准备及设置。

① 准备一个图片文件,用以提示添加科学家图片,如图 5-1 所示。

② 将图片文件加入项目 Images 目录中,如图 5-2 所示。

图 5-1 提示"添加图片"文件

图 5-2 将图片文件加入项目

集 合

③ 设置该图片文件属性"复制到输出目录"值为"始终复制",如图 5-3 所示。

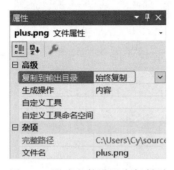

图 5-3 图片文件设置为复制到
　　　输出目录

（2）"添加"窗体设计。

① 在"解决方案资源管理器"窗口中,右击项目 WinFormScientists,在弹出的快捷菜单中选择"添加"→"窗体"选项,在弹出的对话框中设置名称为 FormAdd.cs,单击"添加"按钮,弹出 FormAdd 窗体。

② 单击左侧"工具箱",打开"所有 Windows 窗体"选项卡,拖曳 3 个 Label 控件、1 个 PictureBox 控件、2 个 TextBox 控件、1 个 DateTimePicker 控件和 1 个 Button 控件,放置到窗体中。

对相关控件设置属性、调整尺寸,如下:

```
Label3: Name = "LabelDesc";Font = "楷体, 15pt"; AutoSize = False(再用鼠标拖拉调整尺寸值)
Form: Name = "FormAdd";Text = "中国当代著名科学家";设置 Size 值同主窗体尺寸一致
PictureBox: Name = "pictureBoxImg";SizeMode = "Zoom"(图像伸缩以适应)
TextBox: Name = "textBoxName";Font = "楷体, 15pt, style = Bold"
DateTimePicker: Name = "dateTimePickerBirth";Font = "楷体, 10pt"
TextBox: Name = "textBoxDesc";Multiline = True;Font = "楷体, 15pt"(Size 值则可按需自行调整)
button1: Name = "buttonAdd";Text = "添加科学家"
```

"添加"窗体的效果如图 5-4 所示。

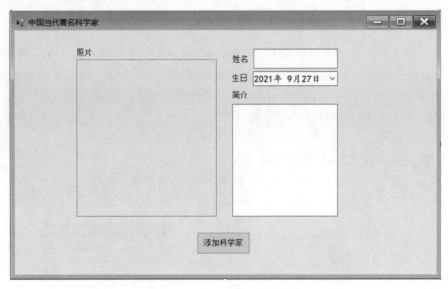

图 5-4 "添加"窗体的效果

（3）弹出"添加"窗体。

① 在主窗体中加"添加"（+）按钮。

在主窗体 FormScientists 设计界面下,单击左侧"工具箱",打开"所有 Windows 窗体"选项卡,拖曳 Button 控件到主窗体 FormScientists 右上角,右击按钮控件,在弹出的快捷菜单中选择"属性"选项,在属性框中,设置 Name 属性值为 buttonAdd、Text 属性值为＋,如图 5-5 所示。

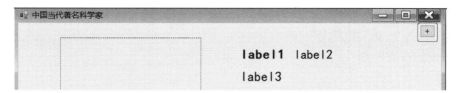

图 5-5 在主窗体中加"添加"(＋)按钮

② 在主窗体中,双击右上角的"添加"(＋)按钮生成按钮 Click 事件处理方法,在方法中编写如下代码,用以弹出"添加"窗体。

```
using System;
using System.Collections.Generic;
using System.Windows.Forms;
using System.Linq;
namespace WinFormScientists
{
    public partial class FormScientists : Form
    {
        ...
        private void buttonAdd_Click(object sender, EventArgs e)
        {
            //打开"添加"窗体
            new FormAdd().ShowDialog();
        }
    }
}
```

③ 单击"启动"按钮或按 F5 键,启动应用,弹出主窗体,如图 5-6 所示。

图 5-6 启动应用,弹出主窗体

第5章

集 合

单击主窗体右上角的"添加"(＋)按钮,弹出"添加"窗体,如图 5-7 所示。

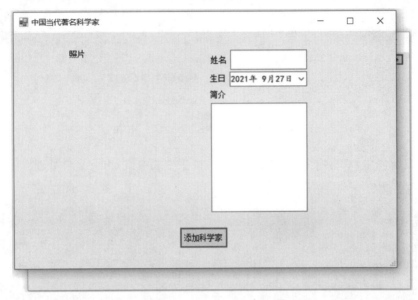

图 5-7 弹出"添加"窗体

(4) 实现"添加"功能。

① 初始化"添加图片"。

双击"添加"窗体空白处,生成窗体 Load 事件处理方法,在方法中编写如下代码,用以显示"添加图片"文件。

```csharp
using System;
using System.Windows.Forms;
namespace WinFormScientists
{
    public partial class FormAdd : Form
    {
        public FormAdd()
        {
            InitializeComponent();
        }
        private void FormAdd_Load(object sender, EventArgs e)
        {
            pictureBoxImg.ImageLocation //初始化显示"添加图片"
                = Application.StartupPath + @"\Images\plus.png";
        }
    }
}
```

② 单击"启动"按钮或按 F5 键,启动应用。在弹出的主窗体右上角单击"添加"(＋)按钮,出现如图 5-8 所示的效果,可看到图片初始化了。

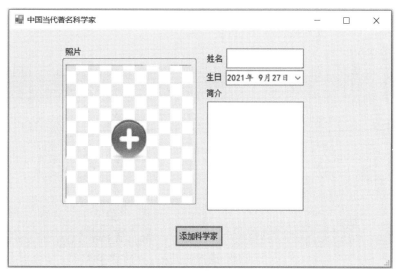

图 5-8 "添加"窗体运行效果

③ 选择图片文件。

在"添加"窗体中,双击 PictureBoxImg 控件,会生成 Click 事件处理方法,在方法中编写如下代码,用于选择、显示和保存科学家图片文件。

```
string imgUrl = null;                    //上传照片位置,设为成员变量,便于 buttonAdd_Click()调用
private void pictureBoxImg_Click(object sender, EventArgs e)
{
    string scientistName = textBoxName.Text;          //用以为上传图片文件起名
    if (string.IsNullOrWhiteSpace(scientistName))
    {
        MessageBox.Show("姓名不能为空,请先填写");
        textBoxName.Focus();                          //光标回到姓名输入框,等待输入
        return;                                       //返回,先修正,方可处理下方代码
    }
    OpenFileDialog fileDialog = new OpenFileDialog();
    fileDialog.Title = "选择要上传的图片";
    fileDialog.Filter = "图片文件|＊.bmp;＊.jpg;＊.jpeg;＊.gif;＊.png";
    DialogResult dr = fileDialog.ShowDialog();
    if (!File.Exists(fileDialog.FileName))            //using System.IO;
    {
        MessageBox.Show("照片为空,请选择图片文件");
        return;
    }
    if (dr == DialogResult.OK)
    {
        string image = fileDialog.FileName;
        string ext = Path.GetExtension(fileDialog.FileName); //System.IO.Path
        pictureBoxImg.Image = Image.FromFile(image);      //System.Drawing.Image
        imgUrl = Application.StartupPath + @"\Images\" + scientistName + ext;
        File.Copy(fileDialog.FileName, imgUrl);           //保存图片文件到项目目录中
    }
}
```

注意,Application. StartupPath + @"\Images\" + scientistName + ext 代码是将图片文件的存放路径设置到项目目录下。

④ 实现添加科学家。

双击"添加科学家"按钮生成 Click 事件处理方法,在方法中编写如下代码,用以添加科学家。

```csharp
private void buttonAdd_Click(object sender, EventArgs e)
{
    //获取输入参数:姓名、生日、简介、(上传)图片文件
    String name = textBoxName.Text;
    if (String.IsNullOrWhiteSpace(name))
    {
        MessageBox.Show("姓名不能为空");
        textBoxName.Focus();                      //光标回到姓名输入框,等待输入
        return;                                   //返回,先修正,再处理下方代码
    }
    DateTime birth = dateTimePickerBirth.Value;
    String desc = textBoxDesc.Text;
    if (String.IsNullOrWhiteSpace(desc))
    {
        MessageBox.Show("简介不能为空");
        textBoxDesc.Focus();
        return;                                   //返回,先修正,再处理下方代码
    }
    if (imgUrl == null)                           //图片文件没选择过
    {
        MessageBox.Show("照片必须选择,请在图片位置单击。");
        return;                                   //返回,先修正,再处理下方代码
    }
    //创建科学家 scientist 对象,放入主窗体科学家集合 listScientist 中
    Scientist scientist = new Scientist();
    scientist.Name = name;
    scientist.Birthday = birth;
    scientist.Description = desc;
    scientist.ImageURL = imgUrl;
    FormScientists.listScientist.Add(scientist);
    MessageBox.Show("添加成功");
    this.Close();
}
```

⑤ 单击"启动"按钮或按 F5 键,启动应用。

启动应用后弹出主窗体,单击其右上角的"添加"(+)按钮,如图 5-9 所示。

⑥ 添加科学家信息。

在弹出的"添加"窗体中,进行添加科学家各项信息的操作:输入姓名→设置生日→加入简介→单击图片弹出文件选择对话框→选择科学家的照片→单击"打开"按钮,如图 5-10 所示。

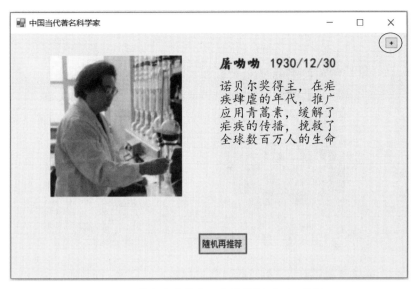

图 5-9　单击主窗体右上角的"添加"（＋）按钮

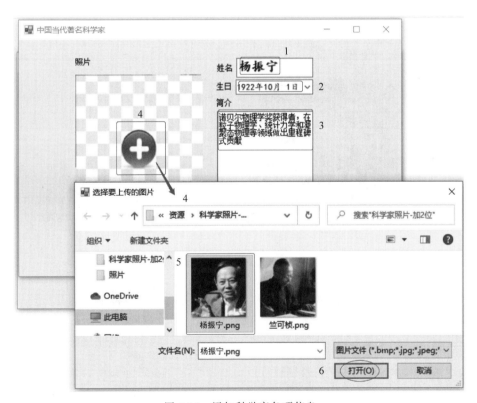

图 5-10　添加科学家各项信息

　　照片正常显示后，单击"添加科学家"按钮，在弹出的对话框中单击"确定"按钮，完成添加操作，如图 5-11 所示。

　　回到主窗体，单击"随机再推荐"按钮，会切换科学家的信息，如图 5-12 所示。

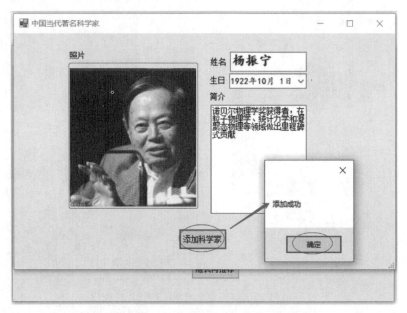

图 5-11　单击"添加科学家"按钮完成添加操作

图 5-12　单击"随机再推荐"按钮切换科学家信息

项目小结：

（1）用集合类 List＜Scientist＞变量存放科学家数据。在添加新的科学家信息时，可不用考虑因为采用数组而引起下标越界的问题。因此，在项目实践中一般采用集合类，而不使用数组。

（2）"添加"窗体上，为了添加科学家信息，需要选用各类合适控件。例如，为了便于输入生日，选用了 DateTimePicker 控件。

（3）图片文件的上传功能：在弹出的文件选择对话框中选择图片文件并确认，将文件保存到适当文件夹中。

核心代码如下：

```
OpenFileDialog fileDialog = new OpenFileDialog();
if (fileDialog.ShowDialog() == DialogResult.OK)
{
    string imgUrl = Application.StartupPath + @"\Images\"
        + scientistName + Path.GetExtension(fileDialog.FileName);
    File.Copy(fileDialog.FileName, imgUrl);
}
```

第6章 | 数据库基础

大部分的应用都涉及数据库。为此,可以先了解数据库相关概念,并通过安装 SQL Server 数据库管理系统,练习并掌握简单的 SQL 语句,为正式与数据库交互的 C♯ 应用开发作基础铺垫。

6.1 数据库的基本概念

数据库(database,DB):可简单理解为存放数据的仓库。在计算机中,将数值、日期、文本、图片、视频等各类数据按照一定的格式存放。

数据库可分为网状数据库、层次数据库、关系数据库、NoSQL 数据库等。目前,关系数据库仍为主流。

数据库管理系统(Database Management System,DBMS):用于管理数据库的计算机软件,方便用户定义和操作数据,维护数据安全性和完整性,进行并发操作等。

6.1.1 关系数据库的基本概念

关系数据库:指采用关系模型来组织数据的数据库。关系模型指的就是二维表格模型。关系数据库主体是由二维表及其之间的联系组成的。

关系:可以理解为一张二维表,每个关系都具有一个关系名,就是通常说的表名。

元组:可以理解为二维表中的一行,在数据库中经常被称为记录。

属性:可以理解为二维表中的一列,在数据库中经常被称为字段。

目前常见关系数据库管理系统有 SQL Server、Oracle、MySQL、DB2 等。此处重点介绍 SQL Server 2019 的基础操作。

6.1.2 SQL 的基本概念

结构化查询语言(Structured Query Language,SQL)是用于访问和处理关系数据库的标准的计算机语言。当然每种数据库管理系统产品都会对标准 SQL 进行扩展。

可以把 SQL 分为两部分:数据定义语言(Data Definition Language,DDL)和数据操作语言(Data Manipulation Laguage,DML)。数据定义语言主要包括对数据库的创建、修改、删除,对数据库中的对象(如表、视图等)进行创建、修改、删除等。实践中,可通过数据库管理工具可视化完成这些操作。数据操作语言主要完成表中数据的查询(SELECT)、修改(UPDATE)、删除(DELETE)和插入(INSERT)操作,这些在项目编程中极为重要,是必须掌握的。

6.2 SQL Server 的安装

（1）从微软官方网站下载 SQL Server 产品。

在网页 https://www.microsoft.com/en-us/sql-server/sql-server-downloads 中单击 Download now 按钮，下载 SQL Server 2019 Developer 版，如图 6-1 所示。

图 6-1　从微软官方网站下载 SQL Server 2019 Developer

（2）双击已下载的 SQL2019-SSEI-Dev.exe 文件，选择"基本"安装类型，如图 6-2 所示。

图 6-2　选择"基本"安装类型

（3）接受协议，指定安装位置，进入下载安装程序包状态，如图 6-3 所示。

（4）下载成功后会进入正式安装状态，安装成功后界面如图 6-4 所示。

（5）单击"安装 SSMS"按钮，会在浏览器中打开 SSMS 下载页面，单击"下载 SSMS"，如图 6-5 所示。

数据库基础

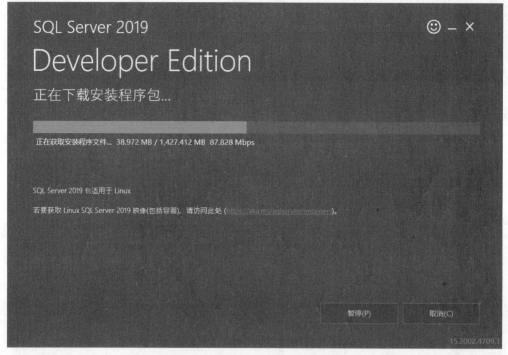

图 6-3　进入下载安装程序包状态

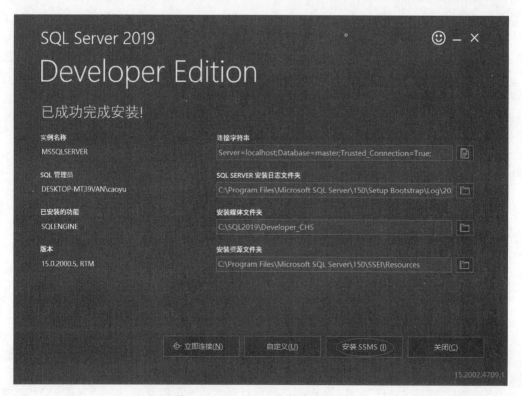

图 6-4　SQL Server 安装成功界面

图 6-5　下载 SSMS

SSMS(SQL Server Management Studio)是一种集成环境,用于对 SQL Server 产品的访问、配置、管理和开发,建议安装。

(6) 在下一个页面中单击"下载 SQL Server Management Studio(SMSS)18.9.2",会下载 SSMS-Setup-CHS.exe 文件。

(7) 双击 SSMS-Setup-CHS.exe 文件,进行 SSMS 工具安装,如图 6-6 所示。

图 6-6　安装 SSMS

数据库基础

（8）单击"安装"按钮进行安装，待安装成功后，单击"重新启动"按钮，如图 6-7 所示。

图 6-7　成功安装 SSMS 并启动

6.3　数据库的创建

（1）打开 SSMS 工具。

可以用 SQL 的 DDL 语句创建数据库和表对象，但一般采用 SSMS 工具可视化创建更为直观便捷。如图 6-8 所示，打开 SSMS 工具。

图 6-8　打开 SSMS 工具

（2）连接 SQL Server 数据库引擎。

在 SSMS 工具中，身份验证用默认的"Windows 身份验证"模式，单击"连接"按钮，SSMS 工具将连接 SQL Server 数据库引擎，如图 6-9 所示。

（3）新建数据库。

在 SSMS 工具的"对象资源管理器"中，右击"数据库"，在弹出的快捷菜单中选择"新建数据库"选项，如图 6-10 所示。

图 6-9　使用 SSMS 工具连接 SQL Server 数据库引擎

图 6-10 新建数据库

（4）设置数据库名称。

进入"新建数据库"窗口后，设置数据库名称为 db_EMP，如图 6-11 所示。

图 6-11 设置数据库名称

接下来，就可以在新建数据库 db_EMP 中进行数据库对象的创建、修改和删除等操作。

6.4　表结构的创建

作为最重要的数据库对象，数据表是专门用以保存数据的结构。

下面使用 SSMS 工具在数据库 db_EMP 中创建部门表和员工表。

（1）打开数据库 db_EMP，右击"表"，在弹出的快捷菜单中选择"新建"→"表"选项，如图 6-12 所示。

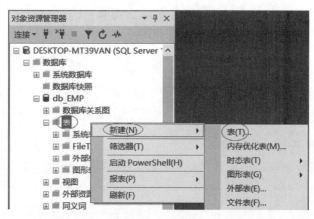

图 6-12　新建表

（2）设计部门表结构。

按如下过程具体设计部门表。

① 创建 did 和 dname 2 个列。did 代表部门编号，dname 代表部门名称。

② 设置 did 和 dname 的数据类型，在下拉列表中选择 nvarchar(50)。nvarchar(50)是指最多包含 50 个字符的可变长度 Unicode 字符串。

③ 右击 did，在弹出的快捷菜单中选择"设置主键"选项。"设置主键"的意思是用该列的值唯一标识行记录，例如现实生活中的身份证就是个人的唯一标识，可作为主键。

部门表结构如图 6-13 所示。

图 6-13　部门表结构

④ 单击"保存"按钮，或按 Ctrl+S 组合键，在弹出的对话框中输入表名称为 t_dept，单击"确定"按钮，如图 6-14 所示。至此完成了部门表的设计。

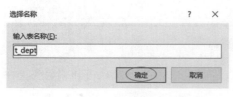

图 6-14　保存表并输入表名称

（3）设计员工表结构。

设计员工表 t_emp 过程与设计部门表类似。其表结构最终效果如图 6-15 所示。

其中，eid 代表员工编号，ename 代表员工姓名，esex 代表员工性别，ebirthday 代表员工出生日期，eemployday 代表入职日期，eposition

列名	数据类型	允许 Null 值
💡 eid	nvarchar(50)	☐
ename	nvarchar(50)	☐
esex	nchar(1)	☑
ebirthday	date	☑
eemployday	date	☑
eposition	nvarchar(50)	☑
dept_id	nvarchar(50)	☑

图 6-15　员工表结构

代表职位,dept_id 代表所属部门编号(通过引用 t_dept 表的 did 字段,就可获取对应的部门信息)。

以上类型中,nvarchar(50)是指最多包含 50 个字符的可变长度 Unicode 字符串,nchar(1)是包含 2 个字符的定长 Unicode 字符串,date 是日期类型。

6.5　表数据的维护

在 SSMS 工具中,可直接对表数据进行添加、修改、删除、查询等可视化操作。

1. 添加记录

(1) 添加部门表数据。

① 右击 t_dept 表,在弹出的快捷菜单中选择"编辑前 200 行"选项,进入表数据编辑视图,如图 6-16 所示。

② 在表数据编辑视图中,添加 8 行部门记录,如图 6-17 所示。

did	dname
001	市场部
002	生产部
003	研发部
004	技术部
005	销售部
006	财务部
007	人力资源部
008	行政部

图 6-16　进入表数据编辑视图　　　　图 6-17　添加 8 行部门记录

(2) 添加员工表数据。

以同样的操作,添加 13 行员工记录,如图 6-18 所示。

在表数据编辑视图中,除了添加记录外,还可以对记录进行修改、删除、查询操作。

2. 修改记录

在表数据编辑视图中,单击要修改内容的单元格,可直接修改记录值。如图 6-19 所示,修改了员工表第 13 行记录中的职位和部门值。

3. 删除记录

右击记录所在行,在弹出的快捷菜单中选择"删除"选项,就可移除记录。如图 6-20 所示,删除了员工表第 13 行记录。

eid	ename	esex	ebirthday	eemploy...	eposition	dept id
0001	柏伟龙	男	1978-05-08	2020-07-08	经理	001
0002	常海洋	男	1999-09-10	2020-07-08	职员	001
0003	曹伟煌	男	1992-03-02	2020-07-08	职员	001
0004	邓龙	男	1989-02-12	2020-07-08	职员	001
0005	邓亚婷	女	1983-11-16	2020-07-08	职员	001
0006	成增甲	男	1979-10-07	2021-07-01	经理	002
0007	陈浩	男	1995-08-19	2021-07-01	职员	002
0008	陈国寰	男	1998-09-20	2021-07-01	职员	002
0009	曹健	男	1994-06-21	2021-07-01	职员	002
0010	葛有	女	1996-09-28	2021-07-01	职员	002
0011	胡婷筠	女	1985-11-22	2021-07-01	经理	003
0012	葛云鹏	男	1996-02-18	2021-07-01	职员	003
0013	王嘉诚	男	1988-10-15	2020-07-15	职员	003

图 6-18　添加 13 行员工记录

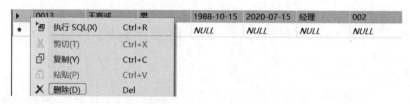

图 6-19　修改员工表第 13 行记录值

图 6-20　删除员工表第 13 行记录

4. 查询记录

（1）打开"查询设计器"窗口。

单击工具栏中的"新建查询"按钮，打开查询输入框，右击输入框空白处，在弹出的快捷菜单中选择"在编辑器中设计查询"选项打开"查询设计器"窗口，如图 6-21 所示。

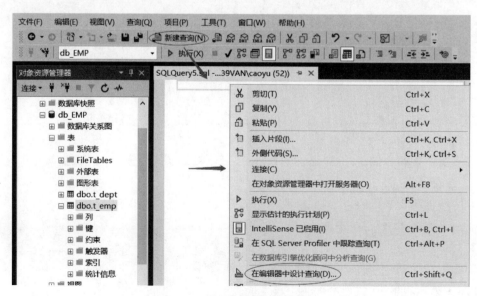

图 6-21　打开"查询设计器"窗口

（2）在"查询设计器"窗口中，选择要查询的表。

① 在"添加表"对话框中，选择员工表 t_emp，单击"添加"按钮，如图 6-22 所示。

图 6-22　添加要查询的表 t_emp

② 在"查询设计器"窗口中，选中要显示的列（此处除了出生日期外都已选中），添加筛选器条件（此处操作，令性别 esex 限定条件为"男"），单击"确定"按钮，如图 6-23 所示。

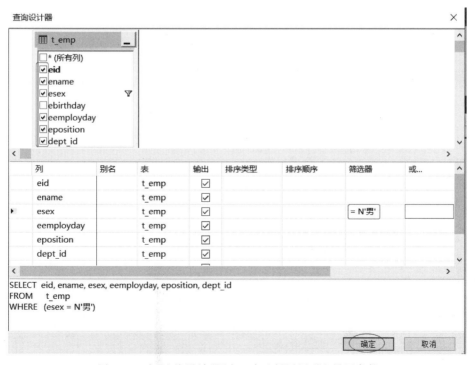

图 6-23　在"查询设计器"窗口中选择返回列和设置条件

③ 随即,在"查询"窗口中会生成相应的 SQL 查询脚本,如图 6-24 所示。

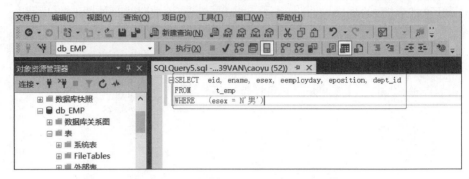

图 6-24　在"查询"窗口中生成 SQL 查询脚本

④ 单击"执行"按钮,获得 SQL 语句相应的查询结果,如图 6-25 所示。

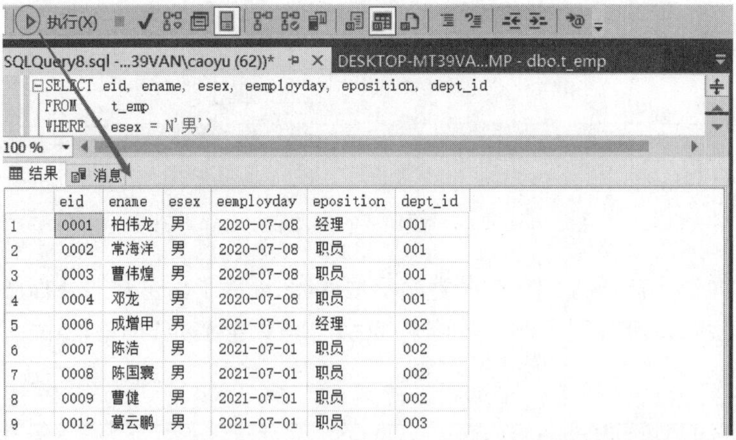

图 6-25　执行 SQL 语句获得查询结果

从查询设计器的操作过程看,SSMS 工具中一系列可视化操作最后的结果,就是为了生成 SELECT 语句。而"编辑"窗口中的添加、编辑和删除操作,也是生成对应的 INSERT、UPDATE 和 DELETE 等 SQL 语句。

6.6　记录的添加、修改、删除、查询

上述利用 SSMS 工具对表数据的可视化操作,实际是为了生成对应的添加、修改、删除、查询 SQL 语句。而后续进行数据库交互项目开发时,需要在代码中直接写入 SQL 语句,为此有必要具备直接编写常见的添加、修改、删除、查询 SQL 语句的能力。

6.6.1　添加记录

基本语法:

```
INSERT INTO table_name (column1,column2 , ...)
    VALUES (value1,value2 ,...)
```

【例 6-1】 添加记录：添加员工记录，各字段值逐一输入。

```
INSERT INTO t_emp(eid, ename, esex, ebirthday, eemployday, eposition, dept_id)
    VALUES ('0013', '王嘉诚', '男', '1988 - 10 - 15', '2020 - 7 - 15', '职工', '003');
```

执行以上 SQL 语句：单击"新建查询"按钮，打开"查询"窗口，将 SQL 代码写入窗口中，单击"执行"按钮，查看结果，如图 6-26 所示。

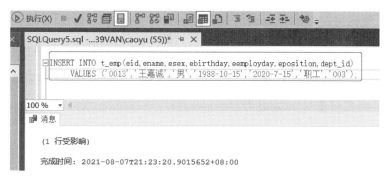

图 6-26　执行 SQL 语句

【注】 SQL 语句的执行验证都如此操作。为节约篇幅，后续不再贴图说明。

6.6.2　修改记录

基本语法：

```
UPDATE table_name
    SET column1 = value1, column2 = value2, ...
    WHERE <查询条件>
```

以上 WHERE 子句，用于筛选出要修改的行。

【例 6-2】 修改记录：修改编号为 0013 的员工记录，设置其职务为"经理"、所在部门编号为 002。

```
UPDATE t_emp SET eposition = '经理', dept_id = '002' WHERE eid = '0013';
```

6.6.3　删除记录

基本语法：

```
DELETE FROM table_name
    WHERE <查询条件>
```

以上 WHERE 子句，用于筛选出要删除的行。

【例 6-3】 删除记录：删除编号为 0013 的员工。

```
DELETE FROM t_emp WHERE eid = '0013';
```

数据库基础

6.6.4 查询记录

在各种 SQL 语句中,查询最为复杂,常用语句简述如下。

1. 普通查询

基本语法:

```
SELECT column1 [as Alias1], column2 [as Alias1], ...
    FROM table_name
    [WHERE <查询条件>]
    [ORDER BY <排序的列名> [ASC 或 DESC]]
```

ORDER BY 子句是对查询结果按指定列进行排序。ASC 表示按升序排序,DESC 表示按降序排序,默认为 ASC,即按升序排序。

【例 6-4】 常见普通查询。

```
/* 从表 t_emp 中,无条件获取所有行。注意,所有列都显示 */
SELECT eid, ename, esex, ebirthday, eemployday, eposition, dept_id
    FROM t_emp
/* 可用 * 号代替所有列,以下 SQL 语句等同上方 SQL 语句 */
SELECT * FROM t_emp
/* 用 as 更换显示列别名(as 可省略) */
SELECT eid as 编号, ename 姓名, esex 性别
    FROM t_emp
/* 条件查询,获取"女"员工 */
SELECT eid, ename, esex, ebirthday, eemployday, eposition, dept_id
    FROM t_emp
    WHERE esex = '女'
/* 条件组合查询,获取 "女经理" */
SELECT eid, ename, esex, ebirthday, eemployday, eposition, dept_id
    FROM t_emp
    WHERE esex = '女' and eposition = '经理' /* 条件组合可用: and 或 or */
/* 排序,按性别排序,默认为 ASC */
SELECT * FROM t_emp
    ORDER BY esex
/* 排序组合,先按性别降序排序,性别相同的情况下,再按出生日期升序排序 */
SELECT * FROM t_emp
    ORDER BY esex DESC, ebirthday ASC
```

2. 特殊条件查询

【例 6-5】 特殊条件查询:LIKE、BETWEEN AND、IN、IS NULL 的使用。

```
/* LIKE 为模糊查询,查询姓名首字符为"陈"后接 2 个字符的员工,即陈 XX 员工 */
SELECT * FROM t_emp
  WHERE ename LIKE '陈__'        /* 模糊查询匹配符_:代表 1 个任意字符 */
/* 模糊查询,查询姓名首字符为"陈"的员,即陈姓员工 */
SELECT * FROM t_emp
  WHERE ename LIKE '陈%'         /* 模糊查询匹配符%:代表 0 个或多个字符 */
/* BETWEEN AND 为范围查询,查询入职日期在 '2020-6-1'和'2020-7-30'之间的员工 */
```

```
SELECT * FROM t_emp
  WHERE eemployday BETWEEN '2020 - 6 - 1' AND '2020 - 7 - 30'
/ * in 为范围查询,查询所在部门编号为 001 或 003 中的员工 * /
SELECT * FROM t_emp
  WHERE dept_id IN ('001','003')
/ * NULL 代表不明白、不确定的值,判断是否为 NULL 用 IS NULL 和 IS NOT NULL * /
/ * 添加新员工,注意 dept_id 的值为 NULL * /
INSERT INTO t_emp(eid,ename,esex,ebirthday,eemployday,eposition,dept_id)
    VALUES ('0013','王嘉诚','男','1988 - 10 - 15','2020 - 7 - 15','职工',NULL);
/ * 如下用 dept_id = NULL 查询,会发现无查询结果,所以 NULL 判断不能用 = 、!= * /
SELECT * FROM t_emp WHERE dept_id = NULL
/ * 判断是否为 NULL 用 IS NOLL、IS NUT NULL,如下用 dept_id IS NULL 查询,会得到需要的结果 * /
SELECT * FROM t_emp WHERE dept_id IS NULL
/ * NOT 关键字是条件取反。如下获取不在'001'和'003'部门的员工 * /
SELECT * FROM t_emp
WHERE dept_id NOT IN ('001','003')
```

注意,不同于空字符串或数值 0,NULL 值在数据库中代表不确定,可用在任何数据类型上。因 NULL 的特殊性,判断需用 IS NULL 和 IS NOT NULL。如例 6-5 中 0013 编号员工的 dept_id 值为 NULL,其含义可理解为该员工没有分配部门。

3. 多表联查

SQL 提供了自连接、内连接、外连接等多种连接查询方式。这里介绍最为常用的左外连接查询(简称左连接查询)语句。

左连接基本语法:

```
SELECT column1 [as Alias1], column2 [as Alias1], ...
    FROM table_name1 LEFT JOION table_name2
    ON <两表连接条件,一般主外键等值>
[...]
```

【例 6-6】 左连接:用 LEFT JOIN 实现员工表左连接部门表。

```
SELECT eid,ename,esex,ebirthday,eemployday,eposition,dept_id,dname
  FROM t_emp LEFT JOIN t_dept ON dept_id = did
```

左连接的执行结果如图 6-27 所示。LEFT JOIN 实现了两表连接,其中 dname 列来自右表 t_dept。ON dept_id=did 是两表连接的条件。

【例 6-7】 左连接后用 WHERE 子句进一步筛选记录。

```
SELECT eid,ename,esex,ebirthday,eemployday,eposition,dept_id,dname
  FROM t_emp LEFT JOIN t_dept ON dept_id = did
  WHERE esex = '女' and eposition = '经理'
```

eid	ename	esex	ebirthday	eemployday	eposition	dept_id	dname
0001	柏伟龙	男	1978-05-08	2020-07-08	经理	001	市场部
0002	常海洋	男	1999-09-10	2020-07-08	职员	001	市场部
0003	曹伟煌	男	1992-03-02	2020-07-08	职员	001	市场部
0004	邓龙	男	1989-02-12	2020-07-08	职员	001	市场部
0005	邓亚婷	女	1983-11-16	2020-07-08	职员	001	市场部
0006	成增甲	男	1979-10-07	2021-07-01	经理	002	生产部
0007	陈浩	男	1995-08-19	2021-07-01	职员	002	生产部
0008	陈国襄	男	1998-09-20	2021-07-01	职员	002	生产部
0009	曹健	男	1994-06-21	2021-07-01	职员	002	生产部
0010	葛有	女	1996-09-28	2021-07-01	职员	002	生产部
0011	胡婷筠	女	1985-11-22	2021-07-01	经理	003	研发部
0012	葛云鹏	男	1996-02-18	2021-07-01	职员	003	研发部
0013	王嘉诚	男	1988-10-15	2020-07-15	职工	NULL	NULL

图 6-27　用 LEFT JOIN 实现左连接的执行结果

以上 SQL 语句在两表拼接的基础上，加 WHERE 子句进一步筛选性别为"女"且职位是"经理"的员工。执行结果如图 6-28 所示。

eid	ename	esex	ebirthday	eemployday	eposition	dept_id	dname
0011	胡婷筠	女	1985-11-22	2021-07-01	经理	003	研发部

图 6-28　在左连接两表基础上用 WHERE 子句进一步按条件筛选记录

4. 分组查询

根据分组列的不同值，将查询结果分组为多个结果集，并结合聚合函数进行分组统计。基本语法：

```
SELECT 聚合函数 1,聚合函数 2...<分组列 column1 [,分组列 column2] ...>
    FROM ...
    WHERE ...
    GROUP BY <分组列 column1 [,分组列 column2] ...>
    HAVING <分组筛选条件>
```

其中，HAVING 子句是在 GROUP BY 分组结果中，进一步筛选结果。

【例 6-8】　分组查询：按部门编号分组，求每个部门中最早入职员工的入职日期。

```
SELECT MIN(eemployday) 入职日期,dept_id
    FROM t_emp
    GROUP BY dept_id
```

入职日期	dept_id
2020-07-15	NULL
2020-07-08	001
2021-07-01	002
2021-07-01	003

执行以上 SQL 语句，结果如图 6-29 所示。

图 6-29　用 GROUP BY 获得分组统计结果

【例 6-9】　HAVING 子句：筛选分组结果。

```
SELECT MIN(eemployday) 入职日期,dept_id
    FROM t_emp
    GROUP BY dept_id
    HAVING dept_id IS NOT NULL
```

执行以上 SQL 语句,结果如图 6-30 所示。因为加了 HAVING 子句,在原来分组结果基础上进一步筛选,将 dept_id 为 NULL 的记录排除在外。

入职日期	dept_id
2020-07-08	001
2021-07-01	002
2021-07-01	003

图 6-30 用 HAVING 子句筛选分组结果

例 6-9 中,使用了聚合函数 MIN(极小值),此外常用的聚合函数还有 MAX(极大值)、AVG(平均值)、SUM(总和)、COUNT(统计记录数)等。

【例 6-10】 分组统计中常见聚合函数的使用。

```
SELECT dept_id 部门编号, count( * ) 部门人数, max(ebirthday) 年龄最小者的生日,
    avg(DATEDIFF(YEAR,ebirthday,GETDATE())) 平均年龄,/* 结合 SQL Server 的函数 */
    sum(DATEDIFF(YEAR,ebirthday,GETDATE())) 总年龄/* 意义不大,仅演示函数用 */
    FROM t_emp
    GROUP BY dept_id
    HAVING dept_id IS NOT NULL
```

其中,GETDATE()和 DATEDIFF()是 SQL Server 的 2 个函数。GETDATE()获得当前日期和时间,类似 C# 的 DateTime.Now;DATEDIFF()按照第一参数,对第三、第二参数做差值比较操作。例中 DATEDIFF(YEAR,ebirthday,GETDATE())是将当前日期与员工生日做差值比较,获得年龄。

部门编号	部门人数	年龄最小者的生日	平均年龄	总年龄
001	5	1999-09-10	32	164
002	5	1998-09-20	28	143
003	2	1996-02-18	30	61

图 6-31 常见聚合函数在分组查询中的使用

执行以上 SQL 语句,结果如图 6-31 所示。

6.7 项目案例——中国劳模,时代的领跑者 1

"天下大事,必作于细"。执着专注、精益求精、一丝不苟、追求卓越的工匠精神,既是中华民族工匠技艺世代传承的价值理念,也是我们开启新征程,从制造业大国迈向制造业强国的时代需要。长期以来,广大劳模以高度的主人翁责任感、卓越的劳动创造、忘我的拼搏奉献,谱写出一曲曲可歌可泣的动人赞歌,为全国各族人民树立了光辉的学习榜样。

冯斌,攻克大型模具疑难杂症的"圣手模医"。模具的损伤有多大?冯斌搭手一摸,无论凹凸还是弧度,感知精度都能达到 0.02mm 左右,误差不超过一根头发丝直径的 1/3。古凤绮,奔跑在维权路上的"拼命三娘"。她孜孜以求,探索行之有效的劳资沟通协商机制,建立了企业民主管理三级体系,打通了职工会员、工会小组、企业工会和企业方的沟通联系渠道。陈满库,用勤奋执着调配人生亮色……

请设计一个数据库,用以存储中国劳模信息。

提示:存储信息应包含劳模姓名、性别、标题、成就描述、所在行业。

具体设计要求和步骤如下。

6.7.1 设计一:"行业"表

设计说明:设计数据表,用以存放行业信息,需要编号和名称字段。

设计实现步骤：

（1）在 SSMS 工具中创建数据库 modelworkerDB。

① 按 Ctrl＋N 组合键，显示"新建查询"窗口。

② 输入如下 SQL 语句（也可以通过可视化操作）。

```
-- 创建数据库 modelworkerDB
CREATE database modelworkerDB
GO
-- 使用数据库 modelworkerDB,后面操作都在该数据库中进行
USE modelworkerDB
GO
```

③ 按 F5 键，执行 SQL 语句。

至此，modelworkerDB 数据库被创建出来，后面操作都将在该数据库中进行。

（2）创建"行业"表。

在数据库中创建"行业"表 t_industry，然后插入 20 个大类行业信息数据。

① 创建"行业"表 t_industry，输入如下 SQL 语句。

```
-- 创建表 industry("行业"表)
CREATE table t_industry (
    pid int primary key,
    pname nvarchar(50) not NULL
)
GO
```

② 按 F5 键执行 SQL 语句，将在 modelworkerDB 数据库中生成 t_industry 表。

③ 添加 20 个行业大类信息到 t_industry 表中，输入如下 SQL 语句。

```
INSERT INTO t_industry values(1,'农、林、牧、渔业')
INSERT INTO t_industry values(2,'采矿业')
INSERT INTO t_industry values(3,'制造业')
INSERT INTO t_industry values(4,'电力、热力、燃气及水生产和供应业')
INSERT INTO t_industry values(5,'建筑业')
INSERT INTO t_industry values(6,'批发和零售业')
INSERT INTO t_industry values(7,'交通运输、仓储和邮政业')
INSERT INTO t_industry values(8,'住宿和餐饮业')
INSERT INTO t_industry values(9,'信息传输、软件和信息技术服务业')
INSERT INTO t_industry values(10,'金融业')
INSERT INTO t_industry values(11,'房地产业')
INSERT INTO t_industry values(12,'租赁和商务服务业')
INSERT INTO t_industry values(13,'科学研究、技术服务业')
INSERT INTO t_industry values(14,'水利、环境和公共设施管理业')
INSERT INTO t_industry values(15,'居民服务和其他服务业')
INSERT INTO t_industry values(16,'教育')
INSERT INTO t_industry values(17,'卫生和社会服务')
INSERT INTO t_industry values(18,'文化、体育和娱乐业')
INSERT INTO t_industry values(19,'公共管理、社会保障和社会组织')
INSERT INTO t_industry values(20,'国际组织')
```

④ 按 F5 键执行 SQL 语句,20 个行业记录插入 t_industry 表中。

6.7.2 设计二:"劳模"表

设计说明:"劳模"表字段需包括编号、姓名、性别、图片路径、标题、成就描述、所在行业。注意,所在行业需要通过外键方式引用"行业"表。

设计实现步骤:

(1) 输入如下 SQL 语句。其作用是在数据库 modelworkerDB 中创建"劳模"表 t_modelworker。

```
-- 创建"劳模"表 t_modelworker
CREATE table t_modelworker(
    wid int primary key identity(1,1), -- 自动增量
    wname nvarchar(50), -- 姓名
    wsex nchar(1), -- 性别
    wimgurl nvarchar(200), -- 图片路径
    wtitle nvarchar(200), -- 标题
    wdesc nvarchar(500), -- 成就描述
    industry_id int references t_industry(pid)
)
go
```

(2) 按 F5 键执行 SQL 语句,将在数据库中生成 t_modelworker 表。

(3) 打开数据库关系图,确认是否都已正确创建。

右击"数据库关系图",在弹出的快捷菜单中选择"新建数据库关系图"选项,选中两个表,单击"添加"按钮,可观察两个表的结构和主外键关系,如图 6-32 所示。

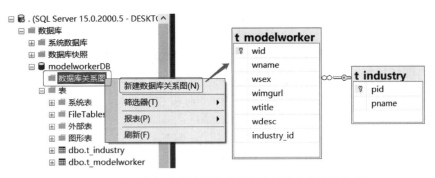

图 6-32 打开数据库关系图查看两表的结构和主外键关系

项目小结:

(1) 表结构的设计应该与需求相符,否则会造成项目"返工",增加开发工作量。

(2) 表结构的设计需要考虑引用完整性。表之间主外键关系设计不当,会造成数据不一致,增加查询、更新、删除操作语句的编写难度。如本案例项目中,"劳模"表的 industry_id 字段引用了"行业"表中的 pid 字段。这样可保证"劳模"表中 industry_id 数据的完整性,即只能是"行业"表之内的 pid 值。若没有该限制,则可能输入不存在的行业值,从而造成引用数据的错误,后续进行添加、修改、删除、查询操作都易产生问题。

第7章 | ADO.NET 数据库交互技术

ADO.NET 是.NET 框架下与数据交互的一组标准技术。

ADO.NET 可看成 C♯应用程序访问各类数据源的一个中间桥梁。其中数据源包括文本文件、XML，以及 SQL Server、Oracle、MySQL、SQLite 等数据库。

ADO.NET 相关类封装在 System.Data.dll 中，并与 System.Xml.dll 中的 XML 类集成。因此使用 ADO.NET，需要引用 System.Data.dll 和 System.Xml.dll。

对 SQL Server 来说，ADO.NET 可以连接到 SQL Server 中的数据库，并对数据进行添加、修改、删除、查询等操作。

7.1 ADO.NET 核心类

ADO.NET 核心类包括：

1. Connection

Connection 用于与数据源建立连接。针对连接的不同数据源，使用不同 Connection 类，常用的有 SqlConnection、OracleConnection、OleDbConnection 和 OdbcConnection。其中 SqlConnection 可用以连接 SQL Server 数据库。

2. Command

Command 对数据源执行命令，包括添加、修改、删除、查询等操作。数据源不同，也有不同的 Command 类对应，常用的有 SqlCommand、OracleCommand、OleDbCommand 和 OdbcCommand。针对 SQL Server 数据库的命令操作，使用 SqlCommand。

3. DataReader

DataReader 从数据源中读取只读且只向前的数据流。DataReader 对象是 Command 对象的 ExceuteReader()方法在检索数据时创建的。数据源不同，ExceuteReader 有不同的类对应，常用的有 SqlDataReader、OracleDataReader、OleDbDataReader 和 OdbcDataReader。针对 SQL Server 数据库，使用 SqlDataReader。

4. DataSet

DataSet 是创建在内存中的集合对象，可看成内存中的临时数据库，不仅可包括多张数据表，还可包括数据表之间的约束。

数据读取后可填充至 DataSet 对象，再将 DataSet 对象绑定到数据控件的数据源上，可快速实现数据的展示。

5. DataAdapter

DataAdapter 对象可用于数据库的增加、修改、查询操作。很多场合，使用

DataAdapter 对象执行查询 SQL 语句,并将数据填充到 DataSet 中。数据源不同,DataAdapter 有不同的类对应,常用的有 SqlDataAdapter、OracleDataAdapter、OleDbDataAdapter 和 OdbcDataAdapter。针对 SQL Server 数据库,使用 SqlDataAdapter。

7.2 连接 SQL Server 数据库

使用 SqlConnection 对象可连接 SQL Server 数据库,如:SqlConnection conn = new SqlConnection(connStr)。连接方式有 SQL Server 身份验证方式和 Windows 身份验证方式两种,差别是数据库连接字符串 connStr 的写法不同。

用 Windows 身份验证方式,数据库连接字符串的代码如下:

```
Data Source = .;Initial Catalog = db_EMP;Integrated Security = True
```

用 SQL Server 身份验证方式,数据库连接字符串的代码如下:

```
Data Source = .;Initial Catalog = db_EMP;Persist Security Info = True;User ID = sa;Password = sa
```

其中 Data Source 值代表数据库所在主机;. 代表当前主机,等价于(local),也可以使用 IP 地址或主机名;Initial Catalog 值代表要访问的数据库;Integrated Security 值代表集成 Windows 身份验证方式;Persist Security Info 用在 SQL Server 身份验证方式中,代表连接数据库后是否保存密码信息;"User ID=sa;Password=sa"为连接数据库的账号和密码。

【例 7-1】 连接 SQL Server 数据库 db_EMP。

```
using System;
using System.Data.SqlClient;
...
string connStr = "Data Source = .;Initial Catalog = db_EMP;Integrated Security = True";
                                //也可采用 SQL Server 身份验证方式的数据库连接字串
try {
  using ( SqlConnection conn = new SqlConnection(connStr))
  {
      conn.Open();
      //此处可写数据库的添加、修改、删除、查询等操作代码
      Console.WriteLine("DB 连接状态: " + conn.State);      //DB 连接状态: Open
      //conn.Close(); 连接应关闭。因为使用 using 结构,所以退出会自动关闭,此处可省略
  }
}catch(SqlException e)
{
    Console.WriteLine(e.Message);
}
```

单击"启动"按钮或按 F5 键,控制台显示结果:

```
DB 连接状态: Open
```

注意，若以上 using System.Data.SqlClient 代码报错"无法使用（找不到）"，可右击项目，在弹出的快捷菜单中选择"管理 NuGet 程序包"选项，搜索 System.Data.SqlClient，按提示安装即可。

7.3 操 作 数 据

连接 SQL Server 数据库后，可以使用 SqlCommand 对象对库中的数据进行操作。

【例 7-2】 添加记录。

```
using System;
using System.Data.SqlClient;
...
string connStr = "Data Source = .;Initial Catalog = db_EMP;Integrated Security = True";   //连接字串
try {
    using ( SqlConnection conn = new SqlConnection(connStr))
    {
     conn.Open();
     /* 开始用 SqlCommand 添加记录 */
     string sql =
         "INSERT INTO t_emp(eid,ename,esex,ebirthday,eemployday,eposition,dept_id) "
         + "VALUES('0014', '赵俊文', '男', '2003 - 7 - 15', '2021 - 7 - 15', '职工', '003')";
     SqlCommand cmd = new SqlCommand(sql,conn);     //基于 conn 连接和 SQL 语句创建 Command 对象
     //ExecuteNonQuery 针对添删改操作,返回为添删改影响行数:
     int row = cmd.ExecuteNonQuery();
     if (row > 0)
         Console.WriteLine("添加记录成功");     //添加记录成功
     else
         Console.WriteLine("添加记录失败");
     /* 用 SqlCommand 添加记录结束 */
    }
}
catch (SqlException e)
{
    Console.WriteLine("操作失败");
    Console.WriteLine(e.Message);
}
```

单击"启动"按钮或按 F5 键，控制台显示结果：

添加记录成功

在 SSMS 工具中执行查询 SQL 语句：SELECT * FROM t_emp where eid = '0014'，的确添加了一行记录，如图 7-1 所示。

eid	ename	esex	ebirthday	eemployday	eposition	dept_id
0014	赵俊文	男	2003-07-15	2021-07-15	职工	003

图 7-1 用 SqlCommand 对象添加记录后观察 SQL 查询结果

【例 7-3】 修改记录。

```
... //为节约篇幅,省略了部分代码,可参考【例 7-2】补齐
/* 开始用 SqlCommand 修改记录 */
string sql = "UPDATE t_emp SET eposition = '经理',dept_id = '002' WHERE eid = '0014'";
SqlCommand cmd = new SqlCommand(sql, connStr);
if (cmd.ExecuteNonQuery()> 0)
    Console.WriteLine("修改记录成功");
    else
    Console.WriteLine("修改记录失败");
/* 用 SqlCommand 修改记录结束 */
...
```

单击"启动"按钮或按 F5 键,控制台显示结果:

修改记录成功

在 SSMS 工具中执行查询 SQL 语句:SELECT * FROM t_emp where eid = '0014',
可以看到相应记录的职位和部门编号值都修改了。结果如图 7-2 所示。

eid	ename	esex	ebirthday	eemployday	eposition	dept_id
0014	赵俊文	男	2003-07-15	2021-07-15	经理	002

图 7-2 用 SqlCommand 对象修改记录后观察 SQL 查询结果

【例 7-4】 删除记录。

```
... //为节约篇幅,省略了部分代码,可参考【例 7-2】补齐
/* 开始用 SqlCommand 删除记录 */
string sql = "DELETE FROM t_emp WHERE eid = '0014'";
SqlCommand cmd = new SqlCommand(sql, conn);
int row = cmd.ExecuteNonQuery();
if (row > 0)
    Console.WriteLine("删除记录成功");
else
    Console.WriteLine("删除记录失败");
/* 用 SqlCommand 删除记录结束 */
...
```

单击"启动"按钮或按 F5 键,控制台显示结果:

删除记录成功

在 SSMS 工具中查询 SQL 语句:SELECT count(*) FROM t_emp where eid = '0014',结
果为 0,相应记录已经不存在了。

综上,添加、修改和删除操作实际上仅仅需要修改 SQL 语句,主体代码基本不用
改变。

【例7-5】 查询单值记录。

```
...//为节约篇幅,省略了部分代码,可参考【例7-2】补齐
/* 开始用 SqlCommand 查询单值记录 */
//单值查询,获取查询首行首字段值.一般用于获取单个的聚合函数结果
string sql = "SELECT count( * ) FROM t_emp";
SqlCommand cmd = new SqlCommand(sql, conn);
//采用 ExecuteScalar()方法返回 object 对象
int row = (int)cmd.ExecuteScalar();
Console.WriteLine("员工人数为:" + row);
/* 用 SqlCommand 查询单值记录结束 */
...
```

单击"启动"按钮或按 F5 键,控制台显示结果:

```
员工人数为:13
```

7.4 读取查询数据

C#中,调用 Command 的 ExecuteReader()方法返回 DataReader 对象。通过 DataReader 的 Read()方法就可读取查询数据,它的特点是只进、只读、连线式访问。

【例7-6】 查询单行记录。

```
...   //为节约篇幅,省略了部分代码,可参考【例7-2】补齐
/* 开始用 SqlCommand 查询单行记录 */
//嵌套 SQL 查询,内部 SQL 语句先找出生日最小值,外部 SQL 语句再找生日最小值对应员工
string sql = "SELECT ename, datediff(Year, ebirthday,getDate()) age " +
    "FROM t_emp WHERE ebirthday = (SELECT min(ebirthday) FROM t_emp) ";
SqlCommand cmd = new SqlCommand(sql, conn);
SqlDataReader reader = cmd.ExecuteReader();
if (reader.Read())              //若返回 true,则说明有值,可读取
{
    string name = (string)reader["ename"];
    int age = (int)reader["age"];
    Console.WriteLine("最年长员工:{0},{1}岁", name, age);
}
/* 用 SqlCommand 查询单行记录结束 */
...
```

单击"启动"按钮或按 F5 键,控制台显示结果:

```
最年长员工:柏伟龙,43 岁
```

【例7-7】 查询多行记录。

```
...   //为节约篇幅,省略了部分代码,可参考【例7-2】补齐
/* 开始用 SqlDataReader 查询多行记录 */
```

```
string sql = "SELECT eid,ename,esex,datediff(year,ebirthday,getdate()) age"
    + " FROM t_emp WHERE dept_id = '001'"
    + " order by age desc";
SqlCommand cmd = new SqlCommand(sql, conn);
SqlDataReader reader = cmd.ExecuteReader();
string eid, ename, esex;          //为提高效率,变量不要在循环中定义
int age;
while (reader.Read())             //返回true,则说明下行有值,可读取。while 遍历所有行
{
    eid = (string)reader["eid"];
    ename = (string)reader["ename"];
    esex = (string)reader["esex"];
    age = (int)reader["age"];
    Console.WriteLine("{0}: {1},{2},{3}", eid, ename, esex, age);
}
/* 用 SqlDataReader 查询多行记录结束 */
...
```

单击"启动"按钮或按 F5 键,控制台显示结果:

```
0001: 柏伟龙,男,43
0005: 邓亚婷,女,38
0004: 邓龙,男,32
0003: 曹伟煌,男,29
0002: 常海洋,男,22
```

说明:DataReader 的查询是单向、只读、连线访问式的,但很多情况下,希望将多行查询结果数据存放到数据集中,以供后面离线式处理,此时可用 DataAdapter 和 DataSet 两个类来实现。

7.5　查询并保存数据

C♯中,DataAdapter 和 DataSet 结合使用,可实现对数据的添加、修改、删除、查询等操作。但一般应用中,既然添加、修改、删除可使用 Command 的方法,那么 DataAdapter 和 DataSet 主要就用于查询功能。

【例 7-8】　用 DataAdapter 查询多行记录,并保存至 DataSet 中。

```
...  //为节约篇幅,省略了部分代码,可参考【例 7-2】补齐
/* 开始用 DataAdapter 和 DataSet 查询多行记录 */
string sql = "SELECT eid,ename,esex,datediff(year,ebirthday,getdate()) age"
        + " FROM t_emp WHERE dept_id = '001'"
        + " order by age desc";
SqlDataAdapter adapter = new SqlDataAdapter(sql, conn);
DataSet ds = new DataSet();                //System.Data.DataSet 存放离线数据
adapter.Fill(ds);                          //adapter.Fill(ds,"emps");
//从 DataSet 可看出离线数据库。DataAdapter 的 Fill()方法将数据放入了 DataSet 表中
DataTable dt = ds.Tables[0];               //作用词 ds.Tables["emps"];
```

```
foreach(DataRow row in dt.Rows)              //DataTable 中有多行数据
{
    Console.WriteLine("{0}: {1},{2},{3}",
        row["eid"], row["ename"], row["esex"], row["age"]);
}
/* 用 DataAdapter 和 DataSet 查询多行记录结束 */
...
```

单击"启动"按钮或按 F5 键,控制台显示结果:

```
0001: 柏伟龙,男,43
0005: 邓亚婷,女,38
0004: 邓龙,男,32
0003: 曹伟煌,男,29
0002: 常海洋,男,22
```

7.6 项目案例——中国劳模,时代的领跑者 2

第 6 章的项目案例中,用 SSMS 工具建立了"劳模"数据库 modelworkerDB,并在库中创建了两张表:"行业"表 t_industry 和"劳模"表 t_modelworker。

本章的项目案例中,将使用 ADO. NET 技术来访问"劳模"数据库,并实现相对应的添加、修改、删除、查询系列操作。

具体设计要求和步骤如下。

7.6.1 设计类 DBTool:用以创建对数据库 modelworkerDB 的连接

设计说明:设计类 DBTool,类中有一个用于与数据库 modelworkerDB 进行连接的方法,该方法返回连接对象 SqlConnection。

建议:设置一个数据库连接字符串常量 CONNECT_STR、一个返回数据库连接对象的方法 GetConnection()。

设计实现步骤:

(1) 创建一个 C#控制台应用项目 ConsoleModelWorkCRUD,具体过程参见 1.5.1 节。

(2) 右击项目 ConsoleModelWorkCRUD,在弹出的快捷菜单中选择"添加"→"类"选项,在弹出的对话框中设置名称为 DBTool。

(3) 在 DBTool. cs 中,编写如下代码。

```
using System.Data.SqlClient;
namespace ConsoleModelWorkCRUD
{
    public class DBTool
    {
        //用常量表示数据库连接字符串
```

```
            const string CONNECT_STR
                = "Data Source = .;Initial Catalog = modelworkerDB;Integrated Security = True";
            public static SqlConnection GetConnect()
            {
                SqlConnection conn = new SqlConnection(CONNECT_STR);
                return conn;
            }
        }
    }
```

（4）在 Program.cs 文件的 Mian()方法中，输入如下代码，进行连接测试。

```
using System;
using System.Data.SqlClient;
namespace ConsoleModelWorkCRUD
{
    class Program
    {
        static void Main(string[ ] args)
        {
            try
            {
                using (SqlConnection conn = DBTool.GetConnect())
                {
                    conn.Open();
                    //此处写添加、修改、删除、查询等操作代码
                    Console.WriteLine("DB 连接状态: " + conn.State);
                }
            }
            catch (SqlException e)
            {
                Console.WriteLine(e.Message);
            }
        }
    }
}
```

（5）单击"启动"按钮或按 F5 键，控制台显示结果：

```
DB 连接状态: Open
```

7.6.2　添加"劳模"表记录

设计说明：编写代码，分别实现对"劳模"表数据进行添加、修改、删除、查询操作。

关于添加劳模：可参考使用表 7-1 所示的 4 位劳模信息（注：图片路径暂设为 NULL）。

表 7-1　4 位劳模信息

姓名	性别	标　题	成　就　描　述	所在行业编号
冯斌	男	攻克大型模具疑难杂症的"圣手模医"	冯斌,一汽解放汽车有限公司卡车厂冲压车间模具钳工班班长,模具维修带头人。车间 400 多套大型精密模具出现疑难杂症,都是他妙手回春,人称"圣手模医"	3
宋增光	男	生活不会辜负每一个认真努力的人	宋增光来沪加入外卖送餐员大军,一路晋升至站长,负责基层管理工作。6 年多的时间,外卖小哥宋增光见证了外卖行业的发展,深深体会到骑行路上的酸甜苦辣,也成就了自我	15
郑志明	男	为汽车制造加"智能"	郑志明,28 岁成为高级技师,33 岁享受国务院政府特殊津贴专家待遇,37 岁成为集团首席专家	3
孙晨华	女	写满"零突破"的工作履历	她提出并确定我国第一套 MF-TDMA 及 MF-TDMA/FDMA 融合卫星通信体制,主持我国新一代宽带卫星通信应用运控系统研制	13

设计实现:

(1) 添加劳模"冯斌"。

① 在 Program.cs 文件的 Main()方法中,编写如下代码。

```
using System;
using System.Data.SqlClient;
namespace ConsoleModelWorkCRUD
{
    class Program
    {
        static void Main(string[] args)
        {
            try
            {
                using (SqlConnection conn = DBTool.GetConnect())
                {
                    conn.Open();
                    //添加记录
                    string sql = "INSERT INTO t_modelworker(wname,wsex,wimgurl,wtitle,
wdesc,industry_id) VALUES('冯斌', '男', NULL, '攻克大型模具疑难杂症的"圣手模医"', '冯斌,一汽
解放汽车有限公司卡车厂冲压车间模具钳工班班长,模具维修带头人。车间 400 多套大型精密模具
出现疑难杂症,都是他妙手回春,人称"圣手模医"。', 3)";
                    SqlCommand cmd                     //基于 conn 和 SQL,创建 Command
                        = new SqlCommand(sql, conn);
                    int row = cmd.ExecuteNonQuery();   //返回为添加记录影响的行数
                    if (row > 0)
                        Console.WriteLine("添加记录成功");
                    else
                        Console.WriteLine("添加记录失败");
                }
            }
```

```
            catch (SqlException e)
            {
                Console.WriteLine(e.Message);
            }
        }
    }
}
```

② 单击"启动"按钮或按 F5 键,控制台显示结果:

添加记录成功

(2)继续输入 3 位劳模信息:宋增光、郑志明、孙晨华。
只要将以上 SQL 字符串值改写为其他劳模信息就可。
① 改写 sql 为"宋增光"信息。

string sql = "INSERT INTO t_modelworker(wname,wsex,wimgurl,wtitle,wdesc,industry_id) VALUES
('宋增光', '男', NULL, '生活不会辜负每一个认真努力的人', '宋增光来沪加入外卖送餐员大军,一
路晋升至站长,负责基层管理工作。6 年多的时间,外卖小哥宋增光见证了外卖行业的发展,深深体
会到骑行路上的酸甜苦辣,也成就了自我。', 15)";

② 单击"启动"按钮或按 F5 键,控制台显示结果:

添加记录成功

③ 改写 sql 为"郑志明"信息。

string sql = "INSERT INTO t_modelworker(wname,wsex,wimgurl,wtitle,wdesc,industry_id) VALUES
('郑志明', '男', NULL, '为汽车制造加"智能"', '郑志明,28 岁成为高级技师,33 岁享受国务院政府
特殊津贴专家待遇,37 岁成为集团首席专家。', 3)";

④ 单击"启动"按钮或按 F5 键,控制台显示结果:

添加记录成功

⑤ 改写 sql 为"孙晨华"信息。

string sql = "INSERT INTO t_modelworker(wname,wsex,wimgurl,wtitle,wdesc,industry_id) VALUES
('孙晨华', '女', NULL, '写满"零突破"的工作履历', '她提出并确定我国第一套 MF - TDMA 及 MF -
TDMA/FDMA 融合卫星通信体制,主持我国新一代宽带卫星通信应用运控系统研制。', 13)";

⑥ 单击"启动"按钮或按 F5 键,控制台显示结果:

添加记录成功

在 SSMS 工具中,打开数据库 modelworkerDB,右击表 t_modelworker,在弹出的快捷菜单
中选择"选择前 1000 行"选项,可观察到 ADO.NET 代码输入记录的结果,如图 7-3 所示。

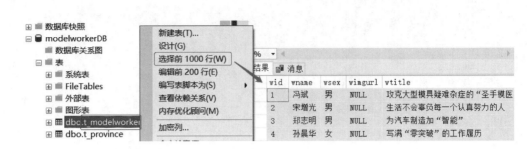

图 7-3　SSMS 工具中观察到的 ADO. NET 代码输入记录的结果

7.6.3　修改"劳模"表记录

设计说明：将劳模"孙晨华"所在"行业编号"值修改为 3。

设计实现步骤：

（1）在 Program. cs 文件的 Main()方法中，编写如下代码。

```csharp
using System;
using System.Data.SqlClient;
namespace ConsoleModelWorkCRUD
{
    class Program
    {
        static void Main(string[] args)
        {
            try
            {
                using (SqlConnection conn = DBTool.GetConnect())
                {
                    conn.Open();
                    //修改记录
                    string sql = "UPDATE t_modelworker SET industry_id = 3 WHERE wname = '孙晨华'";
                    SqlCommand cmd                            //基于 conn 和 SQL，创建 Command
                            = new SqlCommand(sql, conn);
                    int row = cmd.ExecuteNonQuery();    //返回为修改记录影响的行数
                    if (row > 0)
                        Console.WriteLine("修改记录成功");
                    else
                        Console.WriteLine("修改记录失败");
                }
            }
            catch (SqlException e)
            {
                Console.WriteLine(e.Message);
            }
        }
    }
}
```

（2）单击"启动"按钮或按 F5 键，控制台显示结果：

修改记录成功

7.6.4 删除"劳模"表记录

设计说明：先在 SSMS 工具中用 SQL 语句添加一条模拟记录，然后用 ADO. NET 代码删除该记录。

设计实现步骤：

（1）打开 SSMS 工具，编写如下 SQL 语句添加记录。

```
INSERT INTO t_modelworker(wname,wsex,wimgurl,wtitle,wdesc,industry_id)
    VALUES('策思', '男', NULL, '劳模精神', '中国梦,劳动美', 11)
```

（2）单击"启动"按钮或按 F5 键 2 次，插入 2 条测试记录。

（3）在 SSMS 工具中，打开数据库 modelworkerDB，右击表 t_modelworker，在弹出的快捷菜单中选择"选择前 1000 行"选项，可观察到新增的 2 条测试记录，如图 7-4 所示。

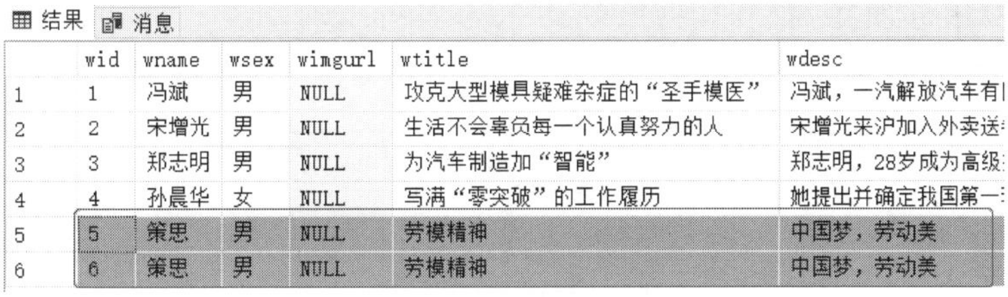

	wid	wname	wsex	wimgurl	wtitle	wdesc
1	1	冯斌	男	NULL	攻克大型模具疑难杂症的"圣手模医"	冯斌，一汽解放汽车有
2	2	宋增光	男	NULL	生活不会辜负每一个认真努力的人	宋增光来沪加入外卖送
3	3	郑志明	男	NULL	为汽车制造加"智能"	郑志明，28岁成为高级
4	4	孙晨华	女	NULL	写满"零突破"的工作履历	她提出并确定我国第一
5	5	策思	男	NULL	劳模精神	中国梦，劳动美
6	6	策思	男	NULL	劳模精神	中国梦，劳动美

图 7-4 新增了 2 条测试记录

（4）使用 ADO. NET 代码删除新增的测试记录。

在 Program. cs 文件的 Main()方法中，编写如下代码。

```
using System;
using System.Data.SqlClient;
namespace ConsoleModelWorkCRUD
{
    class Program
    {
        static void Main(string[] args)
        {
            try
            {
                using (SqlConnection conn = DBTool.GetConnect())
                {
                    conn.Open();
                    //删除记录
                    string sql = "DELETE FROM t_modelworker WHERE wid in(5,6)";
                    SqlCommand cmd                    //基于 conn 和 SQL，创建 Command
                        = new SqlCommand(sql, conn);
```

```
                int row = cmd.ExecuteNonQuery();      //返回为删除记录影响的行数
                if (row > 0)
                    Console.WriteLine("删除记录成功");
                else
                    Console.WriteLine("删除记录失败");
            }
        }
        catch (SqlException e)
        {
            Console.WriteLine(e.Message);
        }
    }
}
}
```

(5) 单击"启动"按钮或按 F5 键,控制台显示结果:

删除记录成功

(6) 在 SSMS 工具中,打开数据库 modelworkerDB,右击表 t_modelworker,在弹出的快捷菜单中选择"选择前 1000 行"选项,可观察到 2 条测试记录已被删除,如图 7-5 所示。

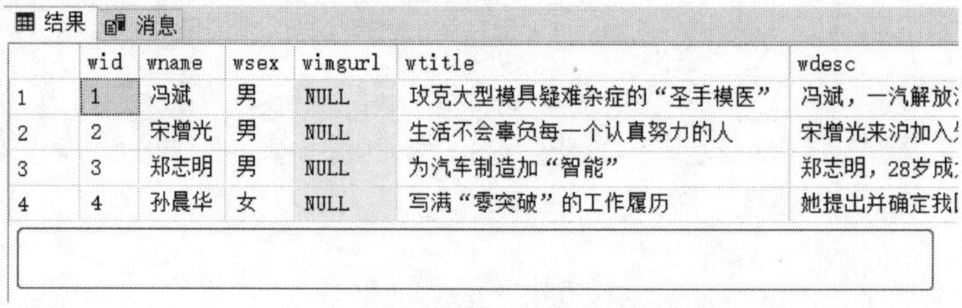

	wid	wname	wsex	wimgurl	wtitle	wdesc
1	1	冯斌	男	NULL	攻克大型模具疑难杂症的"圣手模医"	冯斌,一汽解放
2	2	宋增光	男	NULL	生活不会辜负每一个认真努力的人	宋增光来沪加入
3	3	郑志明	男	NULL	为汽车制造加"智能"	郑志明,28岁成
4	4	孙晨华	女	NULL	写满"零突破"的工作履历	她提出并确定我

图 7-5 原有 2 条测试记录已被删除

7.6.5 查询"劳模"表记录

设计说明:具体实现如下 4 个查询。

(1) 查询数据库中劳模总人数。

(2) 查询编号为 4 的劳模,显示姓名和性别 2 列数据。

(3) 查询所有男劳模信息,显示姓名、标题和所在行业名称 3 列数据。

(4) 查询不同行业的劳模数量,显示所在行业名称和人数 2 列数据。

设计实现步骤:

(1) 查询数据库中劳模总人数。

① 在 Program.cs 文件的 Main()方法中,编写如下代码。

```
using System;
using System.Data.SqlClient;
namespace ConsoleModelWorkCRUD
{
```

```
class Program
{
    static void Main(string[] args)
    {
        try
        {
            using (SqlConnection conn = DBTool.GetConnect())
            {
                conn.Open();
                //查询记录
                string sql = "SELECT count( * ) FROM t_modelworker";
                SqlCommand cmd = new SqlCommand(sql, conn);
                int row = (int)cmd.ExecuteScalar();        //返回 object 对象
                Console.WriteLine("库中劳模数为: " + row);
            }
        }
        catch (SqlException e)
        {
            Console.WriteLine(e.Message);
        }
    }
}
```

② 单击"启动"按钮或按 F5 键,控制台显示结果:

库中劳模数为: 4

(2) 查询编号为 4 的劳模,显示姓名和性别 2 列数据。
① 在 Program.cs 文件的 Main()方法中,编写如下代码。

```
using System;
using System.Data.SqlClient;
namespace ConsoleModelWorkCRUD
{
    class Program
    {
        static void Main(string[] args)
        {
            try
            {
                using (SqlConnection conn = DBTool.GetConnect())
                {
                    conn.Open();
                    //查询记录
                    string sql = "SELECT wname, wsex FROM t_modelworker WHERE wid = 4";
                    SqlCommand cmd = new SqlCommand(sql, conn);
                    SqlDataReader reader = cmd.ExecuteReader();
                    if (reader.Read()) //若返回 true,则说明有值,可读取
                    {
```

```
                        string name = (string)reader["wname"];
                        string sex = (string)reader["wsex"];
                        Console.WriteLine("编号为 4 的劳模: {0},{1}", name, sex);
                    }
                }
            }
            catch (SqlException e)
            {
                Console.WriteLine(e.Message);
            }
        }
    }
}
```

② 单击"启动"按钮或按 F5 键,控制台显示结果:

编号为 4 的劳模: 孙晨华,女

（3）查询所有男劳模信息,显示姓名、标题和所在行业名称 3 列数据。

① 在 Program.cs 文件的 Main()方法中,编写如下代码。

```
using System;
using System.Data;
using System.Data.SqlClient;
namespace ConsoleModelWorkCRUD
{
    class Program
    {
        static void Main(string[] args)
        {
            try
            {
                using (SqlConnection conn = DBTool.GetConnect())
                {
                    conn.Open();
                    //查询记录
                    string sql = "SELECT wname,wtitle,pname "
                        + "FROM t_modelworker w LEFT JOIN t_industry p "
                        + "ON w.industry_id = p.pid "
                        + "WHERE wsex = '男'";
                    SqlDataAdapter adapter = new SqlDataAdapter(sql, conn);
                    DataSet ds = new DataSet();        //System.Data.DataSet 存放离线数据
                    adapter.Fill(ds);
                    DataTable dt = ds.Tables[0];
                    foreach (DataRow row in dt.Rows)    //DataTable 中有多行数据
                    {
                        Console.WriteLine("{0}: {1},{2}",
                                row["wname"], row["wtitle"], row["pname"]);
                    }
                }
```

```
                }
                catch (SqlException e)
                {
                    Console.WriteLine(e.Message);
                }
            }
        }
    }
}
```

注意，以上 SQL 语句中两表拼接代码使用了左连接方式。

② 单击"启动"按钮或按 F5 键，控制台显示结果：

> 冯斌：攻克大型模具疑难杂症的"圣手模医"，制造业
> 宋增光：生活不会辜负每一个认真努力的人，居民服务和其他服务业
> 郑志明：为汽车制造加"智能"制造业

（4）查询不同行业的劳模数量，显示所在行业名称和人数 2 列数据。

① 在 Program.cs 文件的 Main()方法中，编写如下代码。

```
using System;
using System.Data;
using System.Data.SqlClient;
namespace ConsoleModelWorkCRUD
{
    class Program
    {
        static void Main(string[] args)
        {
            try
            {
                using (SqlConnection conn = DBTool.GetConnect())
                {
                    conn.Open();
                    //查询记录
                    string sql = "SELECT pname, count(wid) cnt " +
                        "FROM t_modelworker w LEFT JOIN t_industry p " +
                        "ON w.industry_id = p.pid " +
                        "GROUP BY pname " +
                        "HAVING count(wid)> 0";
                    SqlDataAdapter adapter = new SqlDataAdapter(sql, conn);
                    DataSet ds = new DataSet();          //System.Data.DataSet 存放离线数据
                    adapter.Fill(ds);
                    DataTable dt = ds.Tables[0];
                    foreach (DataRow row in dt.Rows)     //DataTable 中有多行数据
                    {
                        Console.WriteLine("{0}: {1}",row["pname"], row["cnt"]);
                    }
                }
```

```
            }
            catch (SqlException e)
            {
                Console.WriteLine(e.Message);
            }
        }
    }
}
```

② 单击"启动"按钮或按 F5 键,控制台显示结果：

```
居民服务和其他服务业：1
制造业：1
```

第8章　Windows 窗体应用开发入门

WinForm 是 Windows Form 的简称，是基于.NET 框架平台的桌面应用开发技术。因此，WinForm 应用、WindowsForm 应用、桌面应用、Windows 应用在没有特指的情况下一般都指同一种应用——Windows 窗体应用。

与控制台应用相比，Windows 窗体应用更直观，用户体验更好。与 Windows 操作系统的界面类似，每个界面都是由窗体构成的。窗体上可放置菜单、输入框、下拉列表框、按钮等各类控件，并通过单击、键盘输入等事件操作完成相应的功能。

.NET 提供了大量 Windows 窗体应用开发的控件和事件，因而开发简单，可快速上手。

8.1　创建窗体

Form 翻译为窗体或窗口，是面向用户的可视化界面。有了窗体，才能在上面布置各类控件，形成交互的基础。

8.1.1　创建 Windows 窗体项目

实现步骤：

（1）启动 Visual Studio。

（2）选择"文件"→"新建"→"项目"选项，弹出"创建新项目"窗口。

（3）"语言"选择 C♯，"项目类型"选择"桌面"，在列表中选择"Windows 窗体应用（.NET Framework)"，单击"下一步"按钮，弹出"配置新项目"窗口。创建 Windows 窗体应用界面如图 8-1 所示。

（4）在"项目名称"文本框中输入 WinFormsApp1，单击"创建"按钮。在 Visual Studio 中将打开 Windows 窗体应用开发界面。

（5）单击左侧的"工具箱"，打开"所有 Windows 窗体"选项卡，将选项卡中的控件拖曳到窗体上。如图 8-2 所示，拖曳了 Button 控件到窗体上。

8.1.2　运行 Windows 窗体项目

单击"启动"按钮或按 F5 键，启动应用显示窗体。效果如图 8-3 所示。

当然，单击右上方的"停止"按钮，可终止项目的运行。

对于运行过程的解析：

（1）在"解决方案资源管理器"窗口中，单击 Program.cs 文件，显示其代码，如图 8-4 所示。

图 8-1　创建 Windows 窗体应用界面

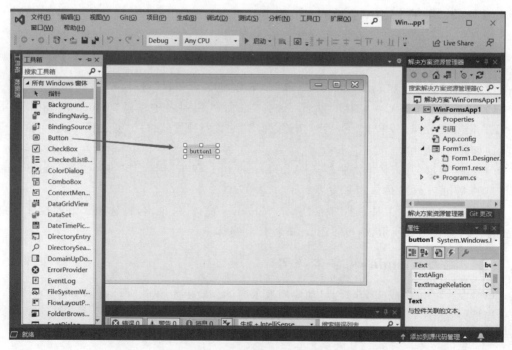

图 8-2　拖曳控件到窗体上

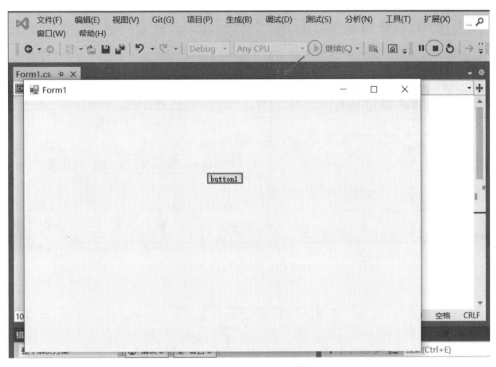

图 8-3 启动 Windows 窗体项目

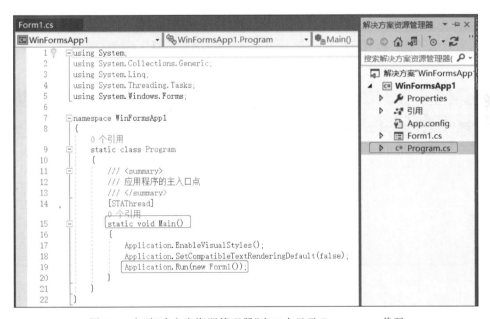

图 8-4 在"解决方案资源管理器"窗口中显示 Program.cs 代码

（2）第 15 行为应用的入口方法 Main()。

观察 Main() 方法中的第 3 行"Application.Run(new Form1());"，其作用是创建
Form1 窗体对象，并作为参数传递给应用对象。因此，在启动项目后就看到了 Form1 窗体
对象。

8.1.3 项目文件结构

单击展开右侧的"解决方案资源管理器",如图 8-5 所示。

图 8-5 展开"解决方案资源管理器"

其中:

(1) Program.cs 含有 Main()方法的项目入口程序。

(2) App.config 是项目的配置文件,可用于设置数据库配置信息等。

(3) Form1.cs 是编写 Form1 窗体的逻辑代码所在。

(4) Form1.Designer.cs 是窗体中自动生成控件的代码,如拖曳 Button 控件到窗体中就会在其中生成 "private System.Windows.Forms.Button button1;" 代码。

8.2 窗体属性

窗体属性有名称、图标、标题、大小背景等。可通过"属性"框修改属性或者通过代码修改属性两种方式实现。

8.2.1 通过"属性"框修改属性

右击窗体空白处,在弹出的快捷菜单中选择"属性"选项,打开窗体的"属性"框,如图 8-6 所示。

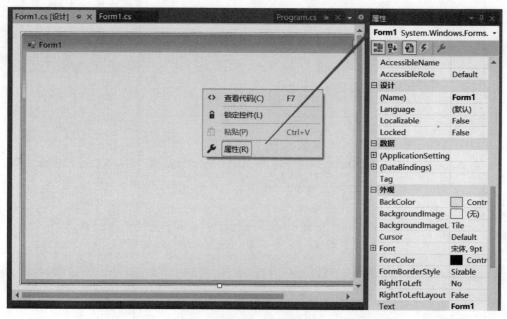

图 8-6 打开窗体"属性"框

在"属性"框中,选择 Size,设置 Width(宽)和 Height(高)的属性值分别为 400 和 300,可观察到 Form1 窗体的宽高尺寸发生了变化,如图 8-7 所示。

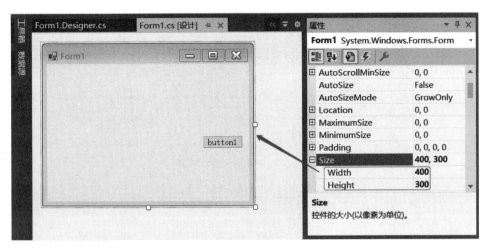

图 8-7　设置窗体属性 Width 和 Height

窗体属性常见的还有 StartPosition(启动时窗体定位)、Icon(左上角图标)、Text(标题)、BackgroundImage(背景图)等。

尝试设置 StartPosition 值为 CenterScreen,Text 值为"第一个应用",运行后可观察到属性设置对窗体的影响。

8.2.2　通过代码修改属性

实际上,操作"属性"框会生成对应的代码,如以上 StartPosition 和 Text 属性值的设置,在 Form1. Designer. cs 中生成了 2 行代码,如图 8-8 所示。

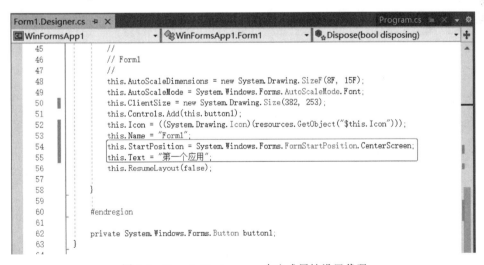

图 8-8　Form1. Designer. cs 中生成属性设置代码

可以用代码设计属性:在 Form1. cs 中,右击表单空白处,在弹出的快捷菜单中选择"查看代码"选项,如图 8-9 所示。

Windows 窗体应用开发入门

图 8-9　查看窗体代码

在 Form1()构造方法中，补充如下代码：

```
this.Text = "Hello World";
this.StartPosition = FormStartPosition.WindowsDefaultLocation;
```

单击"启动"按钮或按 F5 键，启动应用，如图 8-10 所示，编写代码设置属性所起的作用和在"属性"框中设置属性值是相同的。

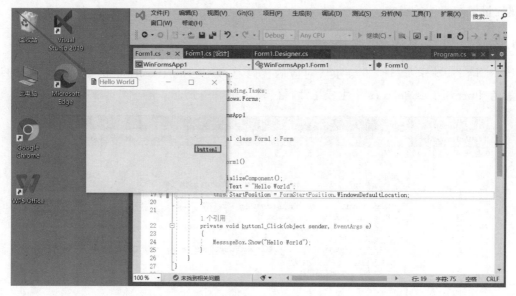

图 8-10　编写代码设置属性后启动应用效果和直接在"属性"框中设置效果一致

8.3　窗体事件

WinForm 应用程序是基于事件来实现的。不同控件有不同的事件，窗体也是一种特殊控件，有自己的属性，也有自己的事件。可将事件看成控件特殊的属性。

单击窗体"属性"框中的闪电图标,会显示窗体所有事件,如图 8-11 所示。

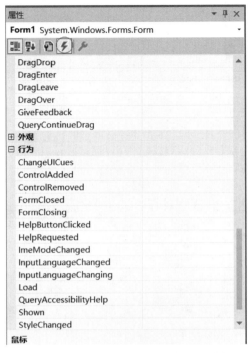

图 8-11 单击闪电图标显示窗体所有事件

【例 8-1】 Load 事件:在窗体加载时修改窗体的大小。

(1) 在图 8-11 所示的窗体事件框中,双击 Load 事件,在 Form1.Designer.cs 中生成事件绑定方法代码如下:

```
this.Load += new System.EventHandler(this.Form1_Load);
```

在 Form1.cs 中同时会产生代码:

```
private void Form1_Load(object sender, EventArgs e)
{
}
```

以上代码的意思是,Load(加载)事件绑定了 Form1_Load()方法,因此窗体加载后会执行 Form1_Load()方法中的代码。可见,事件操作的整体结构会由 Visual Studio 自动生成,开发者只要在 Form1_Load()方法中编写逻辑代码即可。

(2) 在 Form1_Load()方法中编写如下代码:

```
private void Form1_Load(object sender, EventArgs e)
{
    this.Width = 600;
    this.Height = 400;
}
```

（3）单击"启动"按钮或按 F5 键，启动应用，可观察到加载后的窗体宽高尺寸发生了变化。

【例 8-2】 FormClosing 事件：在关闭窗体时提示"确认关闭应用"。

（1）在窗体事件框中，双击 FormClosing 事件，在 Form1_FormClosing()方法中编写如下代码：

```csharp
private void Form1_FormClosing(object sender, FormClosingEventArgs e)
{
    if (MessageBox.Show("确认?", "关闭应用", MessageBoxButtons.YesNo)
                == DialogResult.Yes)
    {
        e.Cancel = false;              //关闭事件不取消,会关闭窗体
        Application.Exit();            //或 System.Environment.Exit(0);,退出系统
    }
    else
    {
        e.Cancel = true;               //关闭事件取消,不予关闭
    }
}
```

（2）单击"启动"按钮或按 F5 键，启动应用，弹出窗体，单击窗体右上角的"关闭"按钮，弹出"关闭应用"对话框，单击"是"按钮，关闭窗体的同时应用退出；单击"否"按钮，则保留窗体，如图 8-12 所示。

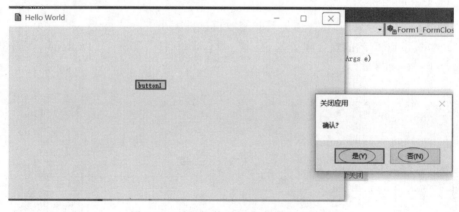

图 8-12　关闭窗体时提示确认关闭应用

8.4　常见控件

在 Windows Form 项目开发中，会用到一些常见控件。这些控件类定义在命名空间 System.Windows.Forms.Control 中。

8.4.1　Label、TextBox、Button、PictureBox 控件

1. Label 控件

Label（标签）控件用于显示用户不能编辑的文本或图像。

2. TextBox 控件

TextBox(文本框)控件用于获取用户输入文本。可通过设置 ReadOnly 的属性值为 true,将文本变为只读;设置 Multiline 的属性值为 true 可以显示多行;设置 PasswordChar 的属性值用符号代替内容,如设置"＊",就变成了密码输入框效果。

3. Button 控件

Button(按钮)控件允许用户通过单击来执行操作。当该按钮被单击时,先被按下,然后弹起释放。Click 事件是 Button 控件最常用的事件,每当单击按钮时,即调用 Click 事件处理方法。为此,可将相应逻辑代码放入 Click 事件处理方法中来执行。

4. PictureBox 控件

PictureBox(图片框)控件用以显示图片,常用的属性有 3 个:Image、ImageLocation 和 SizeMode。

Image:获取或设置图片控件中显示的图片。如:

```
pictureBox1.Image = Image.FromFile(@"c:\images\img1.png");
```

ImageLocation:获取或设置图片控件中显示图片的路径。如:

```
pictureBox2.ImageLocation = @"c:\images\img1.png";
```

SizeMode:获取或设置图片框中图片显示的大小和位置。若值为 Normal,则图片显示在控件的左上角,图片大于图片框则只能显示部分;若值为 StretchImage,则图片被拉伸或收缩,完全显示在图片框中;若值为 AutoSize,则图片框大小变化,以适合图片大小;若值为 CenterImage,图片大小不变,图片在图片框中居中显示,图片大于图片框则只能显示中间部分;若值为 Zoom,则图片保持长宽比例不变,缩放至符合图片框大小。其中,Zoom 更为常用。

【例 8-3】 设计登录窗体,实现登录逻辑。

(1) 使用以上 4 种控件,可设计登录窗体。

单击左侧的"工具箱",打开"所有 Windows 窗体"选项卡→拖曳 1 个 PictrueBox 控件、2 个 Label 控件、2 个 TextBox 控件、1 个 Button 控件到窗体 FormLogin 中。各控件的布局和属性设置如图 8-13 所示。

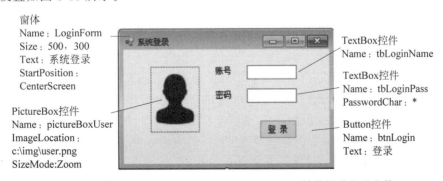

图 8-13　使用 Label、TextBox、Button、PictureBox 控件设计登录窗体

Windows 窗体应用开发入门

(2) 在"系统登录"窗体中,双击"登录"按钮生成按钮 Click 事件处理方法,在方法中编写如下代码,实现写登录逻辑。

```
private void btnLogin_Click(object sender, EventArgs e)
{
    string connStr = "Data Source = .;Initial Catalog = db_EMP;Integrated Security = True";
    using (SqlConnection conn = new SqlConnection(connStr))
    {
        conn.Open();
        string sql = string.Format("SELECT loginPass FROM t_login WHERE loginName = '{0}'",
tbLoginName.Text);
        SqlCommand cmd = new SqlCommand(sql, conn);
        string pass = (string)cmd.ExecuteScalar();
        if(pass == tbLoginPass.Text)
            MessageBox.Show("登录成功");
        else
            MessageBox.Show("用户名或密码错,登录失败");
    }
}
```

8.4.2 RadioButton、CheckBox、CheckedListBox 控件

1. RadioButton 控件

RadioButton(单选按钮)控件一般与其他单选按钮控件在同一个容器中(Panel、GroupBox 等)出现,用以从一组选项中选择单个选项。

常用属性、事件:

(1) Checked 属性,常用于判断或设置选项是否被选中。如果被选中,Checked 的值为 true,否则为 false。

(2) CheckedChanged 事件,在 Checked 属性值发生改变时发生。

2. CheckBox 控件

CheckBox(复选框)控件用以选择或清除选项。

常用属性、事件:

(1) Checked 属性,常用于判断或设置选项是否被选中。如果被选中,Checked 的值为 true,否则为 false。

(2) CheckedChanged 事件,在 Checked 属性值发生改变时发生。

3. CheckedListBox 控件

CheckedListBox(复选列表框)控件在形式上由多个复选框组成。

常用属性、方法:

(1) CheckOnClick 属性,若为 true,则单击就能选中; 若为 false,则要双击才能选中。

(2) MultiColumn 属性,是否开启多列显示。若为 true 则启动,默认为 false。

(3) ColumnWidth 属性,设置列宽。当 MultiColumn 为 true 时方有效。

(4) Items 属性,获取列表中项的集合。

可通过下标获取指定项。如:

```
object item = checkedListBox1.Items[i];
```

可通过 Items 的 Count 属性获得列表项的总数。如：

```
int cnt = checkedListBox1.Items.Count;
```

（5）SelectedItems 属性，保存被选中的项的集合，可通过下标来获取项。如：

```
object item = checkedListBox1.SelectedItems[0];
```

（6）GetItemChecked(int i)方法，返回第 i 项是否被选中。若是，则返回 true，否则返回 false。

（7）SetItemChecked(int i, bool check)方法，设置第 i 项是否被选中。check 若为 true，则表示第 i 项被设置为选中，为 false 则表示清除。

4. ComboBox 控件

ComboBox（下拉组合框）控件用于在下拉组合框中显示数据。下拉组合框相当于一个列表框加一个文本框，使用用户可以从列表中选择项，也可以在文本框中输入文本。一般将 DropDownStyle 属性设置为 DropDownList，创建为不能编辑的下拉框。

【例 8-4】 设计注册第二步窗体。

（1）使用 Panel、RadioButton、CheckBox、ComboBox、CheckedListBox，以及 Button 控件，可设计注册第二步窗体。

单击左侧的"工具箱"，打开"所有 Windows 窗体"选项卡，拖曳 4 个 Label 控件、1 个 Panel 控件、2 个 RadioButton 控件、1 个 CheckBox 控件、1 个 ComboBox 控件、1 个 CheckedListBox 控件、1 个 Button 控件到窗体中。各控件的布局和属性设置如图 8-14 所示。

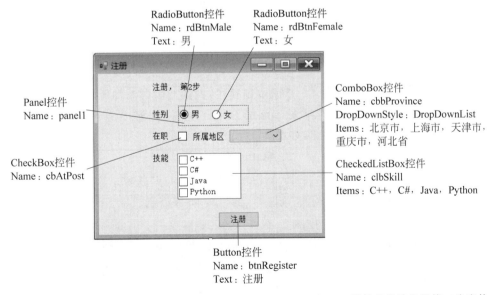

图 8-14 使用 RadioButton、CheckBox、CheckedListBox、ComboBox 等控件设计注册第二步窗体

（2）双击"注册"按钮生成 Click 事件处理方法，在方法中编辑如下代码，实现获取控件设置值。

```
private void btnRegister_Click(object sender, EventArgs e)
{
    string sex = rdBtnMale.Checked ? "男" : "女";
    bool beOnPost = cbAtPost.Checked;      //在职
    string checkedSkills = "";
    string industry = cbbIndustry.SelectedItem.ToString();
    foreach(string item in clbSkill.CheckedItems)
    {
        checkedSkills += item + " ";
    }
    MessageBox.Show(sex + "," + (beOnPost? "在职" :"不在职")
        + ", " + checkedSkills + "," + industry);
}
```

8.4.3 MenuStrip、ToolStrip、StatusStrip 控件

1. MenuStrip 控件

菜单栏位于窗体的上方。在工具栏的"所有 Windows 窗体"选项卡中拖曳 MenuStrip（菜单栏）控件到窗体中，呈现"请在此处键入"选项，单击它可输入一级菜单的名称，如"员工管理""部门管理""密码修改""退出系统"等。

可为一级菜单添加二级菜单，如为"员工管理"菜单添加"添加员工""员工列表"等。菜单栏设置效果，如图 8-15 所示。

图 8-15　菜单栏设置效果

2. ToolStrip 控件

工具栏位于菜单栏的下方，在 ToolStrip（工具栏）控件上面再添加所需的 Button 控件、Label 控件、TextBox 控件等。当然常见于添加 Button 控件，为 Button 控件设置 Image 属性，可形成小图标形式的工具栏按钮，如图 8-16 所示。

图 8-16　工具栏设置

3. StatusStrip 控件

状态栏用于用户提示，如登录系统后，在状态栏上显示登录账号、系统时间等信息。在 StatusStrip（状态栏）控件上不能直接编辑文字，需添加其他控件，包括 StatusLabel（标签）控件、ProgressBar（进度条）控件、DropDownButton（下拉按钮）控件、SplitButton（分割按钮）控件，如图 8-17 所示。

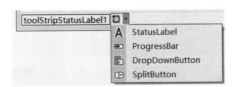

图 8-17 状态栏设置

【例 8-5】 设计主窗体。

使用 MenuStrip、ToolStrip 和 StatusStrip 控件设计主窗体。具体布局和控件属性设置如图 8-18 所示。

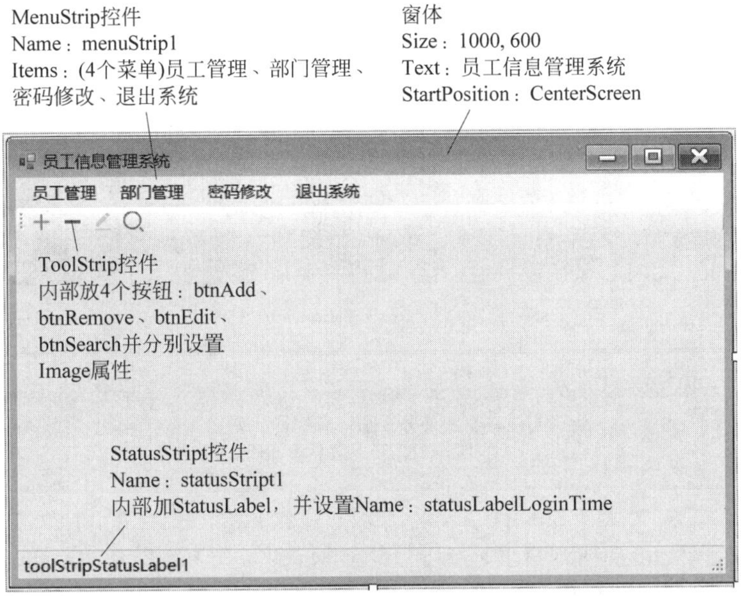

MenuStrip控件
Name：menuStrip1
Items：(4个菜单)员工管理、部门管理、
密码修改、退出系统

窗体
Size：1000, 600
Text：员工信息管理系统
StartPosition：CenterScreen

图 8-18 使用 MenuStrip、ToolStrip、StatusStrip 控件设计主窗体

8.4.4 DataGridView、MessageBox、OpenFileDialog 控件

1. DataGridView 控件

DataGridView(数据表格视图)控件主要用于显示表格式数据。实际上，DataGridView 控件还可以编辑其控件中的数据。数据可以取自多种不同类型的数据源。可设置 AtuoSizeRowsMode 和 AutoSizeColumnsMode 两个参数值，调整显示的行高和列宽。

【例 8-6】 添加 DataGridView 控件，并做数据源绑定。

(1) 单击左侧的"工具箱"，打开"数据"选项卡，单击 DataGridView 控件，将其拖曳到窗体中，设置 DataGridView 控件的 Name、AutoSizeRowMode 和 AutoSizeColumsMode 属性，如图 8-19 所示。

(2) 双击窗体空白处生成 Load 事件处理方法，在方法中编写如下代码，用以实现针对员工的 SQL 查询，并将查询结果数据集绑定到 DataGridView 控件数据源上，从而显示员工列表信息。

Windows 窗体应用开发入门

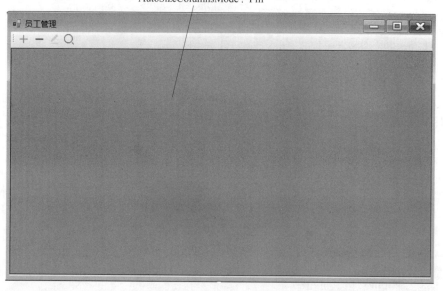

DataGridView控件
Name：dgvDept
AutoSizeRowsMode：AllCells
AutoSizeColumnsMode：Fill

图 8-19　添加 DataGridView 控件

```
string connStr = "Data Source = .；Initial Catalog = db_EMP；Integrated Security = True";
using (SqlConnection conn = new SqlConnection(connStr))//System.Data.SqlClient;
{
    conn.Open();
    string sql = "SELECT eid 编号,ename 姓名,esex 性别,ebirthday 生日,eemployday 入职日期,
eposition 职位,etelephone 电话,esalary 月薪,dname 部门
FROM t_emp LEFT JOIN t_dept ON t_emp.dept_id = t_dept.did";
    SqlDataAdapter adapter = new SqlDataAdapter(sql, conn);
    DataSet ds = new DataSet();                   //System.Data.DataSet 存放离线数据
    adapter.Fill(ds);                             //离线数据放入 ds 中
    dgvEmp.DataSource = ds.Tables[0];             //DataGridView 控件的数据源绑定查询结果
}
```

(3) 单击"启动"按钮或按 F5 键,启动应用弹出窗体,在 DataGridView 控件上显示了员工数据列表,如图 8-20 所示。

2. MessageBox 控件

MessageBox(消息框)控件常用于信息提示。在操作中遇到错误或程序异常时,可使用 MessageBox 控件进行提示。

严格地讲,MessageBox 不是 Windows Form 控件,该类位于 System.Windows.Forms 命名空间中,Visual Studio 工具箱中也不存在。需使用代码 MessageBox.Show()呈现效果,实际上 Show()方法多达 21 种重载。常用的 5 种使用方式如下,其对应效果如图 8-21 所示。

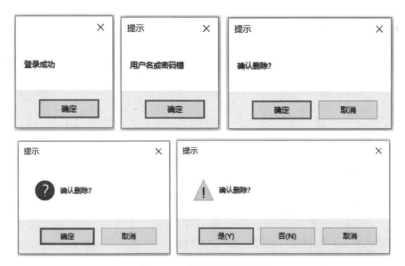

图 8-20　DataGridView 控件显示员工数据列表

```
MessageBox.Show("登录成功");
MessageBox.Show("用户名或密码错", "提示");
MessageBox.Show("确认删除?", "提示", MessageBoxButtons.OKCancel);
MessageBox.Show("确认删除?", "提示", MessageBoxButtons.OKCancel,
          MessageBoxIcon.Question);
MessageBox.Show("确认删除?", "提示", MessageBoxButtons.YesNoCancel,
          MessageBoxIcon.Warning, MessageBoxDefaultButton.Button1);
```

图 8-21　消息框常见形式

【例 8-7】 消息框按钮单击事件处理。

153

```
DialogResult dr = MessageBox.Show("确认删除?", "提示", MessageBoxButtons.OKCancel);
if (dr == DialogResult.OK)      //用常量判断
```

```
{
    //单击 OK 按钮后的处理逻辑
}
else
{
    //单击 Cancel 按钮后的处理逻辑
}
```

3. OpenFileDialog 控件

OpenFileDialog(打开文件对话框)控件用以弹出一个文件对话框,让用户选择本地文件。

创建文件对话框实例:

```
OpenFileDialog openFiledialog = new OpenFileDialog();
```

常用属性、方法:

(1) Title 属性,设置标题。如:

```
openFiledialog.Title = "选择照片";
```

(2) Filter 属性,过滤文件类型。如:

```
openFiledialog.Filter = "图片文件|*.jpg;*.jpeg;*.gif;*.png";
```

(3) ShowDialog()方法,显示对话框,对按下的不同按钮有不同的处理。如:

```
if (openFiledialog.ShowDialog() == DialogResult.OK)
{
    //按下 OK/"确认"按钮后的处理代码
}
```

(4) FileName 属性,返回选中文件路径。使用如下代码,得到选中文件的扩展名:

```
string imgName = fileDialog.FileName;
string ext = Path.GetExtension(imgName);
```

【例 8-8】 选择图片文件,并将图片文件保存至项目目录 Img 中。

为实现单击图片框后弹出文件对话框,将选中的图片文件保存至项目目录 Img 中。通过双击图片框生成 Click 事件处理方法,在方法中编写如下代码:

```
private void pictureBoxImg_Click(object sender, EventArgs e)
{
    OpenFileDialog fileDialog = new OpenFileDialog();
    fileDialog.Title = "选择图片";
    fileDialog.Filter = "图片文件|*.jpg;*.jpeg;*.gif;*.png";      //限制文件类型
    DialogResult dr = fileDialog.ShowDialog();
```

```
        if (dr == DialogResult.OK)
        {
            string imgName = fileDialog.FileName;
            pictureBoxImg.Image =                      //图片文件显示到图片框中
                      Image.FromFile(imgName);         //System.Drawing.Image
            string imgUrl = Application.StartupPath + @"\Img\"
                          + Path.GetFileName(imgName);  //System.IO.Path
            File.Copy(imgName, imgUrl);
        }
    }
```

8.5 项目案例——中国劳模,时代的领跑者 3

掌握了窗体应用开发相关的知识和技术,就具备了设计"劳模信息管理系统"用户界面的能力。

为实现"劳模信息管理系统"整体功能,需要设计的窗体有"系统登录"窗体、"用户密码修改"窗体、"应用"主窗体、"劳模管理"窗体、"添加劳模"窗体、"编辑劳模"窗体、"查询劳模"窗体等。

1. "系统登录"窗体

设计说明:"系统登录"窗体界面必须有"账号"和"密码"两个文本框、一个"登录"按钮。此外,为美观起见,再加上一个用户图片。

设计实现步骤:

(1)创建一个 C# Windows 窗体应用项目 WinFormWorkers,具体过程参见 1.5.2 节。

(2)右击项目 WinFormWorkers,在弹出的快捷菜单中选择"添加"→"窗体"选项,在弹出的对话框中设置名称为 FormLogin.cs,单击"添加"按钮,弹出 FormLogin 窗体。

(3)单击左侧的"工具箱",打开"所有 Windows 窗体"选项卡,拖曳 1 个 PictrueBox 控件、2 个 Label 控件、2 个 TextBox 控件、1 个 Button 控件到窗体 FormLogin 中。各控件的布局和属性设置如图 8-22 所示。

图 8-22 "系统登录"窗体设计

Windows 窗体应用开发入门

2. "用户密码修改"窗体

设计说明:"用户密码修改"窗体界面必须有"原密码""新密码"和"确认密码"3个文本框,以及"修改"按钮和"取消"按钮。

设计实现步骤:

(1)右击项目 WinFormWorkers,在弹出的快捷菜单中选择"添加"→"窗体"选项,设置名称为 FormPwdChg.cs,在弹出的对话框中单击"添加"按钮,弹出 FormPwdChg 窗体。

(2)单击左侧的"工具箱",打开"所有 Windows 窗体"选项卡,拖曳3个 Label 控件、3个 TextBox 控件、2个 Button 控件到窗体中。窗体上各控件的布局和属性设置如图 8-23 所示。

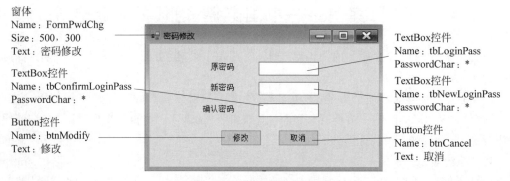

图 8-23 "用户密码修改"窗体设计

3. "应用"主窗体

设计说明:"应用"主窗体界面应该有功能入口菜单,包括劳模管理、密码修改和退出系统。另外,有用以显示登录用户名的状态栏。

设计实现步骤:

(1)打开"解决方案资源管理器"窗口,右击项目中的主窗体文件 Form1.cs,在弹出的快捷菜单中选择"重命名"选项,将其重命名为 FormMain.cs。

(2)双击 FormMain.cs 文件,打开设计窗体界面。

(3)单击左侧的"工具箱",打开"所有 Windows 窗体"选项卡,拖曳 MenuStrip 控件和 StatusStrip 控件到 FormMain 窗体中,在菜单栏中加入菜单"劳模管理""密码修改""退出系统",在 StatusStrip 中加入 ToolStripStatusLabel。应用主窗体上各控件的布局和属性设置如图 8-24 所示。

4. "劳模管理"窗体

设计说明:"劳模管理"窗体界面应该有添加、修改、删除、查询的入口按钮,建议使用工具栏的按钮项;初始化进入窗体时,用列表形式呈现所有劳模的信息,建议使用 DataGridView 控件做列表显示。

设计实现步骤:

(1)右击项目 WinFormWorkers,在弹出的快捷菜单中选择"添加"→"窗体"选项,在弹出的对话框中设置名称为 FormWorker.cs,单击"添加"按钮,弹出 FormWorker 窗体。

(2)单击左侧的"工具箱",打开"所有 Windows 窗体"选项卡,拖曳 ToolStrip 到窗体

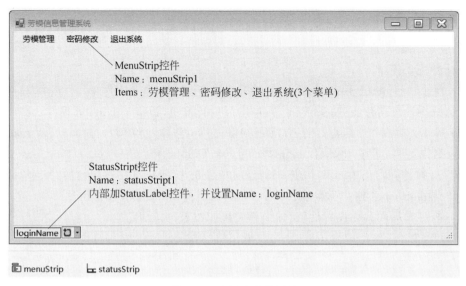

图 8-24　应用主窗体设计

中。ToolStrip 中加 4 个按钮：toolStripBtnAdd、toolStripBtnDel、toolStripBtnEdit 和 toolStripBtnSearch。

（3）右击 ToolStrip 中第一个按钮 toolStripBtnAdd，在弹出的快捷菜单中选择"属性"选项弹出"属性"框，单击 Image 属性的...按钮，弹出"选择资源"对话框，选中"项目资源文件"单选按钮，单击"导入"按钮，加入预先准备的图片文件"添加劳模.png"。

同理，将 toolStripBtnDel、toolStripBtnEdit 和 toolStripBtnSearch 按钮加入对应图片文件。

（4）单击左侧的"工具箱"，打开"数据"选项卡，拖曳 DataGridView 到窗体中，调整 DataGridView 的尺寸。

最后的"劳模管理"窗体设计效果如图 8-25 所示。

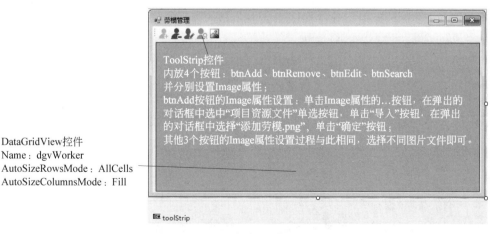

图 8-25　"劳模管理"窗体设计效果

第8章

Windows 窗体应用开发入门

5. "添加劳模"窗体

设计说明:"添加劳模"窗体界面设计中,应该包括劳模名称、性别、照片、标题、成就描述、所在行业等输入元素。

设计实现步骤:

(1) 右击项目 WinFormWorkers,在弹出的快捷菜单中选择"添加"→"窗体"选项,在弹出的对话框中设置名称为 FormAdd.cs,单击"添加"按钮,弹出 FormAdd 窗体。

(2) 单击左侧的"工具箱",打开"所有 Windows 窗体"选项卡,拖曳 5 个 Label 控件、3 个 TextBox 控件、2 个 RadioButton 控件、1 个 ComboBox 控件、1 个 PictureBox 控件、1 个 Button 控件到窗体中。其中,PictureBox 控件的 Image 属性资源设置为"项目资源文件",2 个 RadioButton 控件还需放入一个 Panel 控件中,形成单选按钮组功能。

对各控件布局和属性设置后,窗体设计效果如图 8-26 所示。

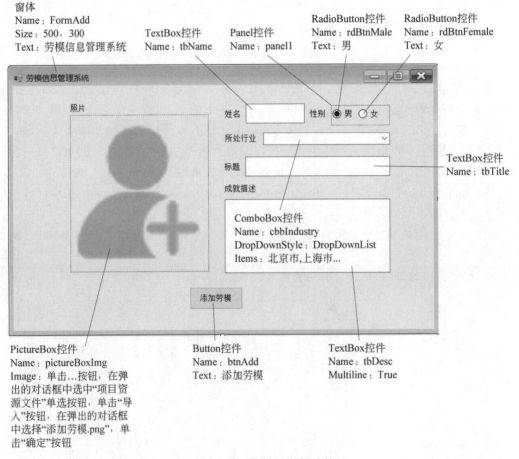

图 8-26 "添加劳模"窗体设计效果

6. "编辑劳模"窗体

设计说明:整体设计上可参考添加窗体,应包括劳模名称、性别、照片、标题、成就描述、所处行业等输入元素。

设计实现步骤：

（1）右击项目WinFormWorkers，在弹出的快捷菜单中选择"添加"→"窗体"选项，在弹出的对话框中设置名称为FormEdit.cs，单击"添加"按钮，弹出FormEdit窗体。

（2）单击左侧的"工具箱"，打开"所有Windows窗体"选项卡，拖曳5个Label控件、3个TextBox控件、2个RadioButton控件、1个ComboBox控件、1个PictureBox控件、1个Button控件到窗体中。其中，2个RadioButton控件还需放入一个Panel控件中，形成单选按钮组功能。

对各控件布局和属性设置后，窗体设计效果如图8-27所示。

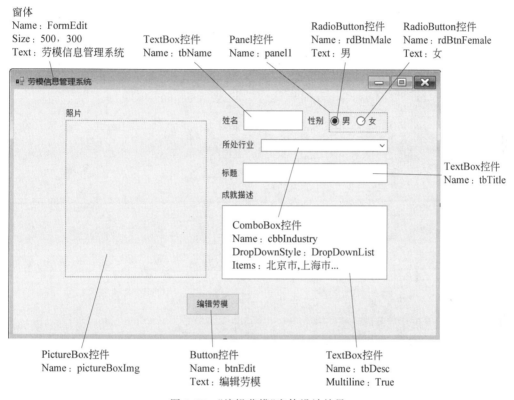

图 8-27 "编辑劳模"窗体设计效果

7."查询劳模"窗体

设计说明："查询劳模"窗体需设计为组合查询功能界面，查询条件应包括姓名模糊查询、性别选择查询、标题模糊查询、成就描述模糊查询、所属行业查询。

设计实现步骤：

（1）右击项目WinFormWorkers，在弹出的快捷菜单中选择"添加"→"窗体"选项，在弹出的对话框中设置名称为FormSearch.cs，单击"添加"按钮，弹出FormSearch窗体。

（2）单击左侧的"工具箱"，打开"所有Windows窗体"选项卡，拖曳5个Label控件、3个TextBox控件、3个RadioButton控件、1个ComboBox控件、1个Button控件到窗体中。其中，3个RadioButton控件还需放入一个Panel控件中，形成单选按钮组功能。

对各控件布局和属性设置后，窗体设计效果如图8-28所示。

Windows 窗体应用开发入门

窗体
Name：FormSearch
Size：650，300
Text：劳模信息管理系统

TextBox控件
Name：tbName

Panel控件
Name：panel1

RadioButton控件
Name：rdBtnMale
Text：男

RadioButton控件
Name：rdBtnFemale
Text：女

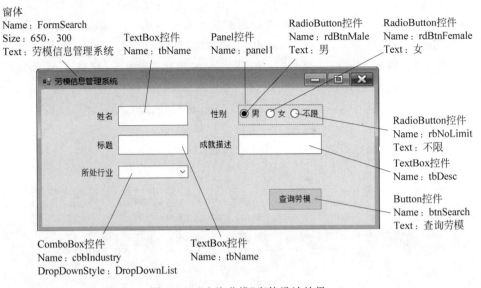

RadioButton控件
Name：rbNoLimit
Text：不限

TextBox控件
Name：tbDesc

Button控件
Name：btnSearch
Text：查询劳模

ComboBox控件
Name：cbbIndustry
DropDownStyle：DropDownList

TextBox控件
Name：tbName

图 8-28 "查询劳模"窗体设计效果

第9章 综合应用——员工信息管理系统

本章将使用 C♯ 编程语言,结合数据库技术和 Windows 窗体设计知识,开发一款简单的 Windows 应用程序——员工信息管理系统。通过项目实践过程,巩固 C♯ 知识点,进而转化为项目开发的真实能力。

9.1 创建 Windows 窗体项目和数据库

(1)启动 Visual Studio,创建一个 C♯ Windows 窗体应用项目 EmpMan,如图 9-1 所示。具体过程可参见 1.5.2 节。

图 9-1 创建 Window 窗体应用项目

(2)打开"解决方案资源管理器"窗口,右击项目中的主窗体文件 Form1.cs,在弹出的快捷菜单中选择"重命名"选项,将其重命名为 FormMain.cs。MainForm 窗体将作为应用的主窗体。

（3）启动 SSMS 工具，连接 SQL Server 数据库引擎，在"对象资源管理器"窗口中，右击"数据库"，在弹出的快捷菜单中选择"新建数据库"选项，设置数据库名称为 db_EMP。具体过程可参见 6.3 节。

9.2　登录功能

输入正确的用户名和密码，方能进入系统。用户名和密码将从数据库登录表中获取。

9.2.1　窗体设计

右击项目 EmpMan，在弹出的快捷菜单中选择"添加"→"窗体"选项，设置名称为 LoginForm.cs。在 LoginForm 窗体上添加若干控件，并设置窗体和控件属性。最终，"系统登录"窗体的设计效果如图 9-2 所示。

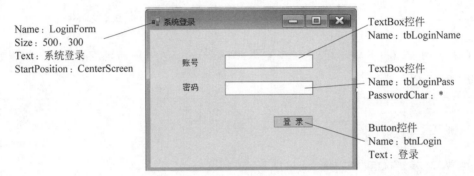

图 9-2　"系统登录"窗体的设计效果

注意，窗体属性 StartPosition 设置为 CenterScreen，用以指示窗体弹出时显示到屏幕中央。后面出现的窗体都可设置该参数值。

9.2.2　相关表设计

（1）从"系统登录"窗体界面分析，登录账号信息至少需要两个字段：一个是登录名 loginName；另一个是登录密码 loginPass。对此，使用 SSMS 工具设计一个登录表 t_login，如图 9-3 所示。

列名	数据类型	允许 Null 值
🔑 loginName	nvarchar(50)	☐
loginPass	nvarchar(50)	☐

图 9-3　设计登录表 t_login

（2）将预设账号记录（'admin'，'@dm1n'）添加到登录表 t_login 中，如图 9-4 所示。

loginName	loginPass
admin	@dm1n

图 9-4　将预设账号记录添加到登录表 t_login 中

9.2.3 代码实现

（1）应用启动时打开"系统登录"窗体。

将 Program.cs 中的 Application.Run(new MainForm())代码改换为 Application.Run (new LoginForm())。

（2）在 LoginForm 设计视图中，双击"登录"按钮生成按钮 Click 事件处理方法，在方法中输入如下代码。

```csharp
using System;
using System.Windows.Forms;
using System.Data.SqlClient;
...
private void btnLogin_Click(object sender, EventArgs e)
{
  string connStr = "Data Source = .;Initial Catalog = db_EMP;Integrated Security = True";
  try
  {
      using (SqlConnection conn = new SqlConnection(connStr))
      {
        conn.Open();
        /* 返回登录用户的密码。(单值查询,可参考7.3节内容) */
        string sql = string.Format("SELECT loginPass FROM t_login WHERE loginName = '{0}'",
tbLoginName.Text);
        SqlCommand cmd = new SqlCommand(sql, conn);
        string pass = (string)cmd.ExecuteScalar();
        if(pass == tbLoginPass.Text)
        {
            MessageBox.Show("登录成功");
            this.Hide();                    //本对象(即登录窗体)隐藏
            new MainForm().Show();          //创建并显示主窗体,即进入主操作窗体
        }
        else
        {
            MessageBox.Show("用户名或密码错,登录失败");
        }
      }
  }
  catch
  {
    MessageBox.Show("数据库操作异常,请联系系统管理员");
  }
}
```

9.2.4 运行效果

输入正确的账号 admin 和密码@dm1n，单击"登录"按钮，弹出"登录成功"对话框，单击"确定"按钮后，会打开系统主窗体，如图 9-5 所示。

若运行时出现问题，可在代码左侧设置断点，通过断点调试，逐步排解。

综合应用——员工信息管理系统

图 9-5　输入账号和密码进行登录

9.3　员工管理主窗体

员工管理信息系统的主窗体上，应该设有"员工管理""部门管理""密码修改""退出系统"4 个子功能入口。

9.3.1　窗体设计

在"员工管理"主窗体 MainForm 上添加 MenuStrip、StatusStrip 两个控件，并进行属性设置，最终窗体设计效果如图 9-6 所示。

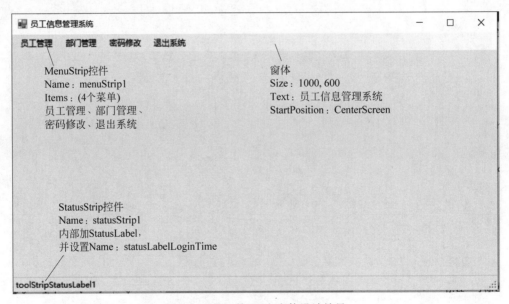

图 9-6　"员工管理"主窗体设计效果

其中，MenuStrip 控件作为顶部菜单栏，提供了功能操作入口；StatusStrip 控件作为底部状态栏，用以提示登录时间。

9.3.2　代码实现

1. 在状态栏上显示当前登录时间

说明：在窗体加载时，设置状态标签 statusLabelLoginTime 的 Text 属性值为当前时间。

实现：右击主窗体 MainForm 空白处，在弹出的快捷菜单中选择"属性"选项，单击"事件"按钮（闪电图标），双击 Load 生成窗体 Load 事件处理方法，在方法中输入如下代码。

```
private void MainForm_Load(object sender, EventArgs e)
{
    statusLabelLoginTime.Text
        = string.Format("欢迎使用本系统.登录时间:{0}", DateTime.Now.ToString("f"));
}
```

2. 退出系统

说明：单击"退出系统"菜单，弹出退出系统选择框，单击"是"按钮退出整个应用。

实现：双击"退出系统"菜单生成 Click 事件处理方法，在方法中编写如下代码。

```
private void 退出系统ToolStripMenuItem_Click(object sender, EventArgs e)
{
        //退出系统选择框
        DialogResult dr = MessageBox.Show("确实退出系统吗?", "提示",
            MessageBoxButtons.YesNo, MessageBoxIcon.Warning);
        if (DialogResult.Yes == dr)
        {
            System.Environment.Exit(0); //彻底退出应用
        }
}
```

9.3.3 运行效果

登录成功后进入系统主窗体 MainForm，在窗体底部显示有当前登录时间。单击"退出系统"菜单，弹出退出系统选择框，单击"是"按钮将退出整个应用系统；单击"否"按钮则取消退出操作，如图 9-7 所示。

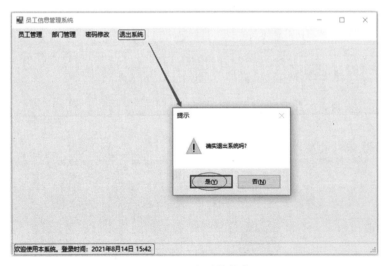

图 9-7　退出系统操作

综合应用——员工信息管理系统

9.4 密码修改

为安全起见,提供该功能,用以修改登录账号的密码。修改时,用户需要输入原密码,而新密码要求输入两次,以防止输错。

9.4.1 窗体设计

(1) 右击项目,在弹出的快捷菜单中选择"添加"→"窗体"选项,设置名称为PassChgForm.cs,单击"添加"按钮,弹出"密码修改"窗体 PassChgForm。

(2) 单击左侧的"工具箱",打开"所有 Windows 窗体"选项卡,拖曳 3 个 Label 控件、3 个 TextBox 控件、2 个 Button 控件到窗体 PassChgForm 中。各控件的布局和属性设置如图 9-8 所示。

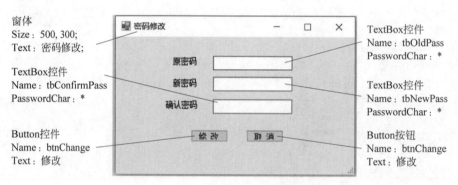

图 9-8 "密码修改"窗体设计效果

9.4.2 相关表设计

登录表 t_login 已设计,具体参见图 9-3。

9.4.3 代码实现

1. 主窗体中弹出"密码修改"窗体

在主窗体 MainForm 中,双击"密码修改"菜单,产生 Click 事件处理方法,在方法中编写如下代码,以实现弹出"密码修改"窗体 PassChgForm。

```
private void 密码修改 ToolStripMenuItem_Click(object sender, EventArgs e)
{
    PassChgForm passChgForm = new PassChgForm();
    passChgForm.ShowDialog();   //ShowDialog()产生模式窗体,该模式窗体在关闭或隐藏前无法
                                //切换到主窗体
}
```

2. 密码修改
说明:
(1) 3 个密码框中字符不能为空,否则弹出警告框,不予操作。

（2）确认密码与新密码必须相同,否则弹出警告框,不予操作。

（3）原密码与登录表中的密码必须一致,否则弹出警告框,不予操作。

（4）将新密码修改至登录表中,弹出成功提示框。

实现:

（1）双击"修改"按钮生成按钮 Click 事件处理方法,在方法中编写如下代码。

```
private void btnChange_Click(object sender, EventArgs e)
{
    //1. 3 个密码框中字符不能为空
    if ( string.IsNullOrWhiteSpace(tbOldPass.Text))
    {
        MessageBox.Show("原密码不可为空");
        tbOldPass.Focus();
        return;
    }
    if (tbNewPass.Text.Trim() == "")
    {
        MessageBox.Show("新密码不可为空");
        tbNewPass.Focus();
        return;
    }
    if (tbConfirmPass.Text.Trim().Length == 0)
    {
        MessageBox.Show("确认密码不可为空");
        tbConfirmPass.Focus();
        return;
    }
    //2. 确认密码与新密码必须相同
    if (tbNewPass.Text.Trim() != tbConfirmPass.Text.Trim())
    {
        MessageBox.Show("确认密码与新密码必须相同");
        tbConfirmPass.Focus();
        return;
    }
    //3. 原密码与登录表中的密码必须一致
    bool isOldPassRight = IsPassRight(tbOldPass.Text.Trim());      //原密码是否正确
    if (!isOldPassRight)
    {
        MessageBox.Show("原密码输入不正确");
        return;
    }
    //4. 将新密码修改至登录表中
    bool passChanged = ChangePass(tbNewPass.Text.Trim());
    if (passChanged)
    {
        MessageBox.Show("密码修改成功");
        this.Close();                                              //关闭"修改密码"窗体
    }
```

```
        else
        {
            MessageBox.Show("密码修改失败");
        }
    }
```

代码 IsPassRight(tbOldPass. Text. Trim())的作用是调用 IsPassRight()方法,来判断原密码输入是否正确,这需要和 t_login 登录表中的密码做比较,需要用到 ADO. NET 操作代码,可参考 7.4 节。实现代码如下。

```
private bool IsPassRight(string pass)
{
    bool isPassRight = false;
    string connStr = "Data Source = .; Initial Catalog = db_EMP; Integrated Security = True";
    try
    {
        using (SqlConnection conn = new SqlConnection(connStr))
        {
        conn. Open();
        //单值查询,判断密码正确与否,返回 count == 1 就是正确的
        string sql = string. Format("SELECT count( * ) FROM t_login WHERE loginpass = '{0}'", pass);
        SqlCommand cmd = new SqlCommand(sql, conn);
        int row = (int)cmd. ExecuteScalar(); //返回 object 对象,显示转换
        if (row == 1)
            isPassRight = true;
        }
    }
    catch (SqlException e)
    {
        MessageBox. Show("操作数据库异常: " + e. Message);
    }
    return isPassRight;
}
```

代码 ChangePass(tbNewPass. Text. Trim())的作用是调用 ChangePass()方法,将新密码修改至登录表 t_login 的 loginPass 字段中。实现代码如下。

```
private bool ChangePass(string pass)
{
    bool op = false;
    string connStr = "Data Source = .; Initial Catalog = db_EMP; Integrated Security = True";
    try
    {
        using (SqlConnection conn = new SqlConnection(connStr))
        {
            conn. Open();
            string sql
            = string. Format("UPDATE t_login SET loginpass = '{0}'", pass);
```

```
            SqlCommand cmd = new SqlCommand(sql, conn);
            if (cmd.ExecuteNonQuery() > 0)
                op = true;
        }
    }
    catch (SqlException e)
    {
        MessageBox.Show("操作数据库异常: " + e.Message);
    }
    return op;
}
```

（2）单击"取消"按钮，关闭窗体即可。

双击"取消"按钮生成按钮 Click 事件处理方法，在方法中编写如下代码。

```
private void btnReturn_Click(object sender, EventArgs e)
{
    this.Close();
}
```

【注】 整个项目"取消"按钮事件处理代码一致，不再赘述。

9.4.4 运行效果

在主窗体中单击"密码修改"菜单，弹出"密码修改"窗体，在窗体中分别输入原密码、新密码和确认密码，单击"修改"按钮，弹出"密码修改成功"对话框，如图 9-9 所示。

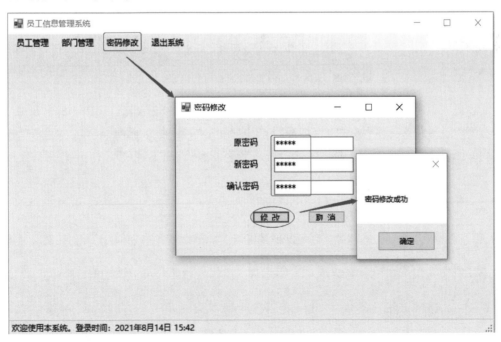

图 9-9　修改密码操作

9.5 部门管理

部门信息作为应用中的基础信息,需要对其维护,包括添加、修改、删除、查询与列表显示 5 个功能。

9.5.1 窗体设计

1. "部门管理"窗体

（1）右击项目 EmpMan,在弹出的快捷菜单中选择"添加"→"窗体"选项,在弹出的对话框中设置名称为 DeptForm.cs,弹出窗体 DeptForm。

（2）单击左侧的"工具箱",打开"所有 Windows 窗体"选项卡,拖曳 1 个 ToolStrip 控件、1 个 DataGridView 控件到窗体中。各控件的布局和属性设置如图 9-10 所示。

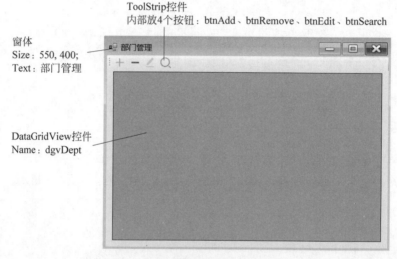

图 9-10 "部门管理"窗体设计效果

对以上工具栏中的 4 个按钮,分别设置 Name 属性为 btnAdd、btnRemove、btnEdit、btnSearch,分别设置 Text 属性为添加部门、删除部门、编辑部门、查询部门。为了在按钮上显示相应图标,准备好添加、修改、删除、查询图标文件,如图 9-11 所示。

图 9-11 添加、修改、删除、查询图标

工具栏中 4 个按钮的 Image 属性分别选择 add.png、sub.png、edit.png、search.png,如图 9-12 所示。

2. "添加部门"窗体

（1）右击项目 EmpMan,在弹出的快捷菜单中选择"添加"→"窗体"选项,在弹出的对话框中设置名称为 DeptAddForm.cs,弹出窗体 DeptAddForm。

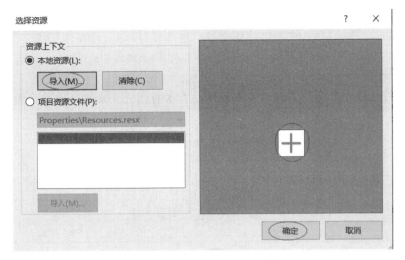

图 9-12　工具栏按钮设置图标

（2）单击左侧的"工具箱"，打开"所有 Windows 窗体"选项卡，拖曳 2 个 Label 控件、2 个 TextBox 控件、2 个 Button 控件到窗体中。各控件的布局和属性设置如图 9-13 所示。

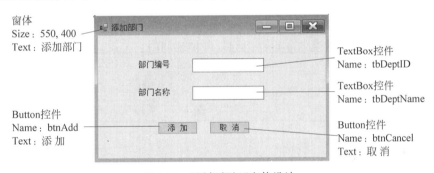

图 9-13　"添加部门"窗体设计

3. "编辑部门"窗体

（1）右击项目 EmpMan，在弹出的快捷菜单中选择"添加"→"窗体"选项，在弹出的对话框中设置名称为 DeptEditForm.cs，弹出窗体 DeptEditForm。

（2）单击左侧的"工具箱"，打开"所有 Windows 窗体"选项卡，拖曳 2 个 Label 控件、2 个 TextBox 控件、2 个 Button 控件到窗体中。各控件的布局和属性设置如图 9-14 所示。

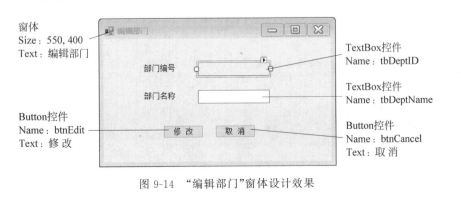

图 9-14　"编辑部门"窗体设计效果

综合应用——员工信息管理系统

4."查询部门"窗体

(1) 右击项目 EmpMan,在弹出的快捷菜单中选择"添加"→"窗体"选项,在弹出的对话框中设置名称为 DeptSearchForm.cs,弹出窗体 DeptSearchForm。

(2) 单击左侧的"工具箱",打开"所有 Windows 窗体"选项卡,拖曳 2 个 Label 控件、2 个 TextBox 控件、2 个 Button 控件到窗体中。各控件的布局和属性设置如图 9-15 所示。

图 9-15 "查询部门"窗体设计效果

9.5.2 相关表设计

从窗体设计看,要管理部门信息至少需要 2 个字段:部门编号和部门名称。操作如下:

(1) 用 SSMS 工具创建表部门表 t_dept,如图 9-16 所示。

(2) 用 SSMS 工具将预设的 8 行部门记录添加到部门表 t_dept 中,如图 9-17 所示。

列名	数据类型	允许 Null 值
🔑 did	varchar(50)	☐
dname	varchar(50)	☐

did	dname
001	市场部
002	生产部
003	研发部
004	技术部
005	销售部
006	财务部
007	人力资源部
008	行政部

图 9-16 部门表 t_dept 设计   图 9-17 将预设的 8 行部门记录添加到部门表中

9.5.3 代码实现

1. 部门显示列表

说明:"部门管理"窗体加载时,应该显示所有部门记录。

实现:在 DeptForm 窗体中双击,生成窗体 Load 事件处理方法,在方法中编写如下代码。

```
private void DeptForm_Load(object sender, EventArgs e)
{
    string connStr = "Data Source = .;Initial Catalog = db_EMP;Integrated Security = True";
    try
    {   //using System.Data.SqlClient;
        using (SqlConnection conn = new SqlConnection(connStr))
        {
            conn.Open();
```

```
            string sql
                = "SELECT did 部门编号, dname 部门名称 FROM t_dept order by did";
            SqlDataAdapter adapter = new SqlDataAdapter(sql, conn);
            DataSet ds = new DataSet(); //System.Data.DataSet 存放离线数据
            adapter.Fill(ds);                        //离线数据放入 ds 中
            dgvDept.DataSource = ds.Tables[0];       //数据控件的数据源绑定数据
        }
    }
    catch (SqlException ex)
    {
        MessageBox.Show("数据库操作异常,请联系系统管理员");
    }
}
```

运行效果如图 9-18 所示。

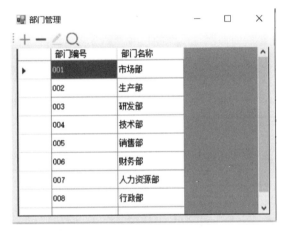

图 9-18　部门显示列表运行界面

2. 添加部门

说明:过程分两步,具体如下。

(1) 在"部门管理"窗体中,需单击"添加"(＋)按钮弹出"添加部门"窗体。

(2) "添加部门"窗体中增加部门基础信息,单击"添加"按钮实现将部门信息插入部门
表中。

设计:

(1) 修改 DeptForm 代码。

① 在"部门管理"窗体 DeptForm 中,双击"添加"(＋)按钮,btnAdd 生成按钮 Click 事
件处理方法,在方法中编写如下代码,实现弹出"添加部门"窗体 DeptAddForm。

```
private void btnAdd_Click(object sender, EventArgs e)
{
    //打开添加部门窗体,注意 this 窗体参数传递给 DeptAddForm
    new DeptAddForm(this).ShowDialog();
}
```

综合应用——员工信息管理系统

② 添加部门后，为了能刷新显示部门列表，需要在 DeptForm. cs 中将 DeptForm_Load 事件处理方法修饰符改为 public。代码如下。

```
/ * private * / public void DeptForm_Load(object sender, EventArgs e) ...
```

（2）编写 DeptAddForm 代码，添加 DeptAddForm 窗体类带参构造，用以传递 deptForm。代码如下。

```
private DeptForm deptForm;
public DeptAddForm(DeptForm deptForm)
{
    this.deptForm = deptForm;
    InitializeComponent();
}
```

（3）添加部门信息。

添加部门的逻辑如下：

① 判断部门编号、部门名称都不能为空，否则弹出警告框，不予操作。

② 将部门编号、部门名称插入部门表 t_dept 中。

在"添加部门"窗体 DeptAddForm 中，双击"添加"按钮生成 Click 事件处理方法，在方法中编写如下代码。

```
private void btnAdd_Click(object sender, EventArgs e)
{
    //判断部门编号、部门名称不能为空
    if (string.IsNullOrWhiteSpace(tbDeptID.Text))
    {
        MessageBox.Show("部门编号不能为空");
        tbDeptID.Focus();
        return;
    }
    if (string.IsNullOrWhiteSpace(tbDeptName.Text))
    {
        MessageBox.Show("部门名称不能为空");
        tbDeptName.Focus();
        return;
    }
    //将部门编号和名称插入部门表 t_dept 中
    bool added = AddDept(tbDeptID.Text.Trim(), tbDeptName.Text.Trim());
    if (added)
    {
        MessageBox.Show("部门添加成功");
        this.Close();
        deptForm.DeptForm_Load(NULL, NULL); //刷新部门列表
    }
    else
    {
```

```
        MessageBox.Show("部门添加失败");
    }
}
```

代码 AddDept(tbDeptID. Text. Trim()，tbDeptName. Text. Trim())的作用是向数据库表 t_dept 中添加部门信息。代码如下。

```
private bool AddDept(string id, string name)
{
    bool op = false;                          //操作成功与否
    string connStr = "Data Source = .;Initial Catalog = db_EMP;Integrated Security = True";
    try
    { //using System.Data.SqlClient;
        using (SqlConnection conn = new SqlConnection(connStr))
        {
            conn.Open();
            string sql = string.Format("INSERT INTO t_dept (did,dname) VALUES('{0}', '{1}')",
id, name);
            SqlCommand cmd = new SqlCommand(sql, conn);
            //ExecuteNonQuery()针对添加、修改、删除操作,返回为添加、修改、删除影响的行数
            int row = cmd.ExecuteNonQuery();
            if (row > 0)
            op = true;                        //添加记录成功
        }
    }
    catch (SqlException ex)
    {
        MessageBox.Show("数据库操作异常,请联系系统管理员");
    }
    return op;
}
```

运行效果如图 9-19、图 9-20 所示。

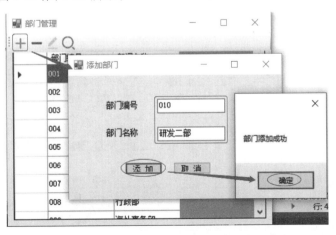

图 9-19　打开"添加部门"窗体输入新增部门信息

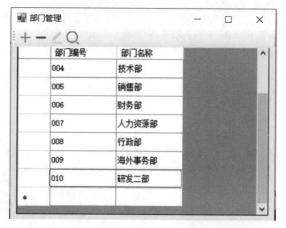

图 9-20　添加操作后新增数据出现在部门列表中

3. 删除部门

说明：当选中某部门记录，单击"删除"按钮，将删除表 t_dept 中相应行。

实现：在部门主窗体 DeptForm 中，双击"删除"（一）按钮，btnRemove 生成按钮 Click 事件处理方法，在方法中编写如下代码。

```csharp
private void btnRemove_Click(object sender, EventArgs e)
{
    if (this.dgvDept.SelectedRows.Count > 1)
    {
        MessageBox.Show("不支持多行删除");
        return;
    }
    if (this.dgvDept.SelectedRows.Count == 0)
    {
        MessageBox.Show("先选择要删除的部门");
        return;
    }
    //删除记录,需先确认
    DialogResult dr = MessageBox.Show("确实要删除吗?", "提示",
        MessageBoxButtons.YesNo, MessageBoxIcon.Warning);
    if (DialogResult.No == dr)
        return;
    string dept_id = (string)dgvDept.SelectedRows[0].Cells["部门编号"].Value;
    string connStr = "Data Source = .;Initial Catalog = db_EMP;Integrated Security = True";
    try
    {   //using System.Data.SqlClient;
        using (SqlConnection conn = new SqlConnection(connStr))
        {
            conn.Open();
            string sql = string.Format("DELETE FROM t_dept WHERE did = '{0}'", dept_id);
            SqlCommand cmd = new SqlCommand(sql, conn);
            int row = cmd.ExecuteNonQuery();
            if (row > 0)                     //操作记录成功,刷新列表
```

```
                this.DeptForm_Load(NULL, NULL);
        }
    }
    catch (SqlException ex)
    {
        MessageBox.Show("数据库操作异常,请联系系统管理员");
    }
}
```

运行效果如图 9-21、图 9-22 所示。

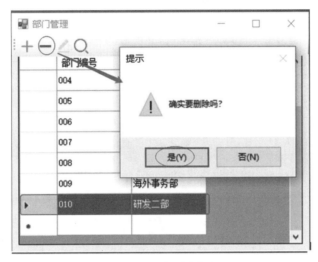

图 9-21　选择删除部门

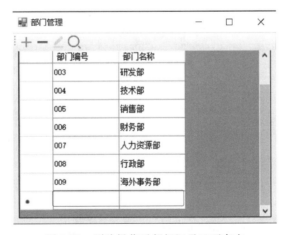

图 9-22　删除操作后部门记录已不存在

4. 编辑部门

说明：编辑部门的逻辑如下。

（1）加载"编辑部门"窗体时,选中部门的部门编号和部门名称应该初始化。

（2）单击"编辑"按钮时,应判断部门名称不能为空, 否则弹出警告框,不予操作。

（3）将部门编辑后的名称写回部门表 t_dept 相应记录中。

实现：在部门主窗体 DeptForm 中，双击"编辑"（笔）按钮生成按钮 Click 事件处理方法，在方法中编写如下代码，用以判断是否选择了编辑行，以及在打开编辑部门窗体的同时，传递选择部门的编号和名称。

```
private void btnEdit_Click(object sender, EventArgs e)
{
    if (this.dgvDept.SelectedRows.Count > 1)
    {
        MessageBox.Show("不支持多行编辑");
        return;
    }
    if (this.dgvDept.SelectedRows.Count == 0)
    {
        MessageBox.Show("先选择要编辑的部门");
        return;
    }
    //传递参数
    string did = (string)dgvDept.SelectedRows[0].Cells["部门编号"].Value;
    string dname = (string)dgvDept.SelectedRows[0].Cells["部门名称"].Value;
    new DeptEditForm(this,did,dname).ShowDialog(); //打开编辑窗体
}
```

在 DeptEditForm.cs 中，加字段和带参构造，用以获取传递过来的参数，编写代码如下。

```
//用以接收来自部门管理窗体传递过来的参数
private string dept_id;                          //用以传递 dept_id
private string dept_name;                        //用以传递 dept_name
private DeptForm deptForm;                       //用以传递部门管理窗体
public DeptEditForm(DeptForm deptForm, string dept_id, string dept_name) : this()
{
    //InitializeComponent()在this()构造中已调用,此处不用再调用
    this.deptForm = deptForm;
    this.dept_id = dept_id;
    this.dept_name = dept_name;
}
```

在"部门编辑"窗体 DeptEditForm 中，双击"编辑部门"窗体空白处生成窗体 Load 事件处理方法，在方法中编写如下代码，用以填入所选部门编号和部门名称。

```
private void DeptEditForm_Load(object sender, EventArgs e)
{
    tbDeptID.Text = this.dept_id;               //传递的参数
    tbDeptName.Text = this.dept_name;           //传递的参数
}
```

在"部门编辑"窗体 DeptEditForm 中，双击"修改"按钮生成 Click 事件处理方法，在方法中编写如下代码，用以编辑部门名称并写回部门表 t_dept 中。

```
private void btnEdit_Click(object sender, EventArgs e)
{
    if (string.IsNullOrWhiteSpace(tbDeptName.Text))        //判断部门名称不能为空
    {
        MessageBox.Show("部门名称不能为空");
        tbDeptName.Focus();
        return;
    }
    //部门名称修改回部门表 t_dept
    bool edited = EditDept(tbDeptID.Text.Trim(), tbDeptName.Text.Trim());
    if (edited)                                            //修改成功
    {
        MessageBox.Show("部门修改成功");
        this.Close();
        deptForm.DeptForm_Load(null, NULL);                //刷新部门列表
    }
    else
    {
        MessageBox.Show("部门修改失败");
    }
}
```

代码 EditDept(tbDeptID.Text.Trim()，tbDeptName.Text.Trim())作用是将部门名称修改回部门表 t_dept，编写实现代码如下。

```
private bool EditDept(string did, string dname)
{
    bool op = false;                                       //操作成功与否
    string connStr = "Data Source = .;Initial Catalog = db_EMP;Integrated Security = True";
    try
    {   //using System.Data.SqlClient;
        using (SqlConnection conn = new SqlConnection(connStr))
        {
            conn.Open();
            string sql = string.Format("UPDATE t_dept SET dname = '{0}' WHERE did = '{1}'", dname, did);
            SqlCommand cmd = new SqlCommand(sql, conn);
            int row = cmd.ExecuteNonQuery();
            if (row > 0)
                op = true;                                 //操作记录成功
        }
    }
    catch (SqlException ex)
    {
        MessageBox.Show("数据库操作异常,请联系系统管理员");
    }
    return op;
}
```

运行效果如图 9-23、图 9-24 所示。

图 9-23　编辑部门操作界面

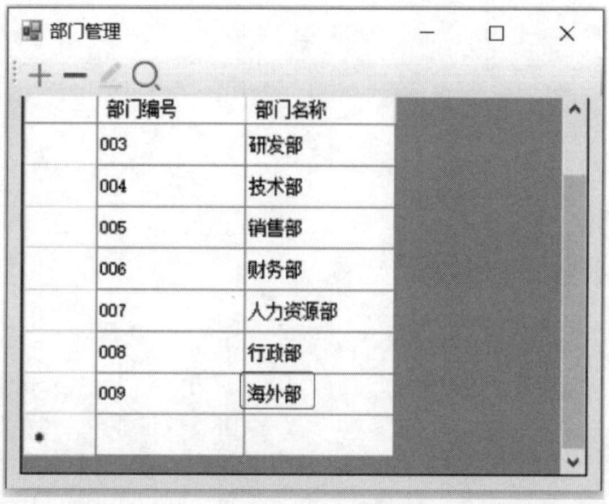

图 9-24　部门列表中显示部门名称已被修改

5. 查询部门

作用：可通过查询部门编号或者查询部门名称，获得对应的部门记录。

设计：

（1）在部门主窗体 DeptForm 中，双击"查询"（放大镜）按钮生成 Click 事件处理方法，在方法中编写如下代码，用以弹出"部门查询"窗体。

```csharp
private void btnSearch_Click(object sender, EventArgs e)
{
    new DeptSearchForm(this).ShowDialog();
}
```

（2）为"部门查询"窗体 DeptSearchForm 类，添加带参构造。

```csharp
private DeptForm deptForm;
public DeptSearchForm(DeptForm deptForm)
```

```
{
    this.deptForm = deptForm;
    InitializeComponent();
}
```

（3）在"部门查询"窗体 DeptSearchForm 中，双击"查询"按钮生成 Click 事件处理方法，在方法中编写如下代码，实现部门查询功能。

```csharp
private void btnSearch_Click(object sender, EventArgs e)
{
    //拼接查询
    string sql = "SELECT did 部门编号, dname 部门名称 FROM t_dept ";
    string sqlOrderBy = " ORDER BY did";
    StringBuilder sqlWhere = new StringBuilder(" WHERE 1 = 1 ");

    if (!string.IsNullOrWhiteSpace(tbDeptID.Text)) {      //编号不为空,加入查询
        sqlWhere.AppendFormat(" and did = '{0}'", tbDeptID.Text.Trim());
    }
    if (!string.IsNullOrWhiteSpace(tbDeptName.Text))      //名称不为空,加入查询
    {
        sqlWhere.AppendFormat(" and dname like '%{0}%'", tbDeptName.Text.Trim());
    }
    sql = sql + sqlWhere + sqlOrderBy;
    //ADO.NET 查询
    string connStr = "Data Source = .;Initial Catalog = db_EMP;Integrated Security = True";
    try
    {  //using System.Data.SqlClient;
        using (SqlConnection conn = new SqlConnection(connStr))
        {
            conn.Open();
            SqlDataAdapter adapter = new SqlDataAdapter(sql, conn);
            DataSet ds = new DataSet();                  //System.Data.DataSet 存放离线数据
            adapter.Fill(ds);                            //离线数据放入 ds 中
            //dgvDept 在 DeptForm 中非 public,可在 DeptForm 中加 DgvDept 属性
            //public DataGridView DgvDept { get { return this.dgvDept; } }
            deptForm.DgvDept.DataSource = ds.Tables[0]; //控件数据源绑定数据
            this.Close();                                //关闭自己(关闭查询窗体)
        }
    }
    catch (SqlException ex)
    {
        MessageBox.Show("数据库操作异常,请联系系统管理员");
    }
}
```

综合应用——员工信息管理系统

代码 deptForm. DgvDept. DataSource = ds. Tables[0]意味着需要为窗体 DeptForm
添加 DgvDept 属性,以便间接访问 dgvDept 控件,进而完成部门列表信息的刷新。为此,在
DeptForm. cs 中加如下代码。

```
public DataGridView DgvDept
{
    get
    {
        return this.dgvDept;
    }
}
```

运行效果如图 9-25～图 9-27 所示。

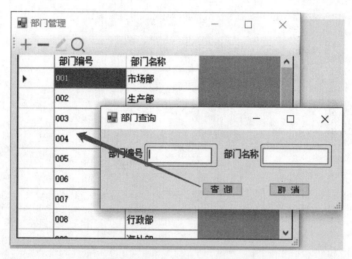

图 9-25　无条件查询返回所有部门记录

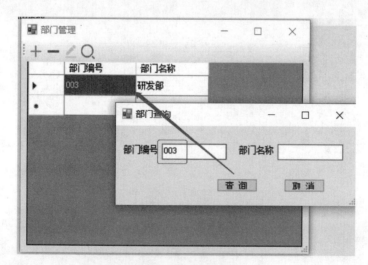

图 9-26　按部门编号查询部门记录

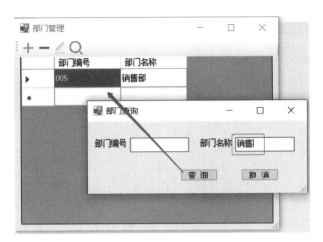

图 9-27　按部门名称查询部门记录

9.5.4　运行效果

（1）进入"部门管理"窗体：在主窗体中，单击"部门管理"菜单，进入"部门管理"窗体，窗体上会显示所有部门信息，如图 9-18 所示。

（2）添加部门信息：在"部门管理"窗体中，单击"添加"（＋）按钮，打开"添加部门"窗体，输入部门编号和部门名称，单击"添加"按钮，将新部门加入系统，如图 9-19 所示。

（3）在弹出的对话框中单击"确定"按钮后，可观察到部门列表刷新了，新增部门数据出现在列表中，如图 9-20 所示。

（4）删除部门信息：在"部门管理"窗体中，选择要删除的部门，单击"删除"（一）按钮，弹出删除选择框，单击"是"按钮，删除选中的部门；单击"否"按钮，不做删除操作，如图 9-21 所示。

（5）删除后，会自动刷新部门列表，删除部门记录已不存在了，如图 9-22 所示。

（6）编辑部门信息：在"部门管理"窗体中，选择要编辑的部门，单击"编辑"（笔）按钮，弹出"编辑部门"窗体，修改部门名称，单击"修改"按钮，再单击"确定"按钮，如图 9-23 所示。

（7）在"部门管理"窗体的列表中，可发现部门名称已被成功修改，如图 9-24 所示。

（8）查询所有部门记录：在"部门管理"窗体中，单击"查询"（放大镜）按钮，弹出"部门查询"窗体，不输入任何条件，单击"查询"按钮，将返回所有部门记录，如图 9-25 所示。

（9）按部门编号查询部门记录：输入部门编号，单击"查询"按钮，返回结果如图 9-26 所示。

（10）按部门名称查询部门记录：输入部门名称"销售"，单击"查询"按钮，返回名称模糊查询结果，如图 9-27 所示。

9.6　员 工 管 理

员工管理是本应用的核心功能，应用中需要对员工信息维护，包括添加、修改、删除、查询与列表显示 5 个功能。其功能和部门管理差不多，但实现更为复杂些。

9.6.1 窗体设计

1. "员工管理"窗体

（1）右击项目 EmpMan，在弹出的快捷菜单中选择"添加"→"窗体"选项，在弹出的对话框中设置名称为 EmpForm.cs，弹出窗体 EmpForm。

（2）单击左侧的"工具箱"，打开"所有 Windows 窗体"选项卡，拖曳 1 个 ToolStrip 控件、1 个 DataGridView 控件到窗体 EmpForm 中。各控件的布局和属性设置如图 9-28 所示。

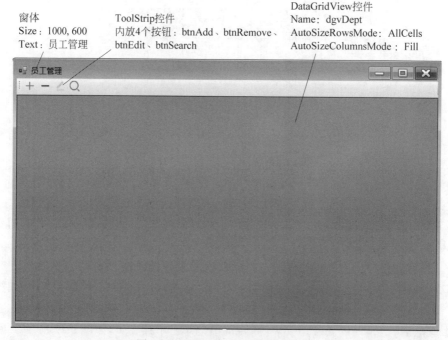

图 9-28 "员工管理"窗体设计效果

其中，DataGridView 控件中 AtuoSizeRowsMode 和 AutoSizeColumnsMode 两个参数的设置是为了自动调整显示行高和列宽。

以上工具栏中 4 个按钮的设计和属性配置，可参考"9.5.1 窗体设计"相应内容，此处不再赘述。

2. "添加员工"窗体

（1）右击项目 EmpMan，在弹出的快捷菜单中选择"添加"→"窗体"选项，在弹出的对话框中设置名称为 EmpAddForm.cs，弹出窗体 EmpAddForm。

（2）单击左侧的"工具箱"，打开"所有 Windows 窗体"选项卡，拖曳 9 个 Label 控件、5 个 TextBox 控件、1 个 GroupBox 控件、2 个 RadiaoButton 控件、2 个 DateTimePicker 控件、2 个 Button 控件到窗体中。各控件的布局和属性设置如图 9-29 所示。

3. "编辑员工"窗体

（1）右击项目 EmpMan，在弹出的快捷菜单中选择"添加"→"窗体"选项，在弹出的对话框中设置名称为 EmpEditForm.cs，弹出窗体 EmpEditForm。

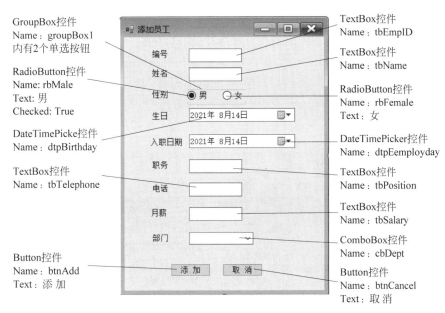

图 9-29 "添加员工"窗体设计效果

（2）单击左侧的"工具箱"，打开"所有 Windows 窗体"选项卡，拖曳 9 个 Label 控件、5 个 TextBox 控件、1 个 GroupBox 控件、2 个 RadiaoButton 控件、2 个 DateTimePicker 控件、2 个 Button 控件到窗体中。各控件的布局和属性设置如图 9-30 所示。操作建议：可复制"添加员工"窗体的设计，少量调整属性即可完成。

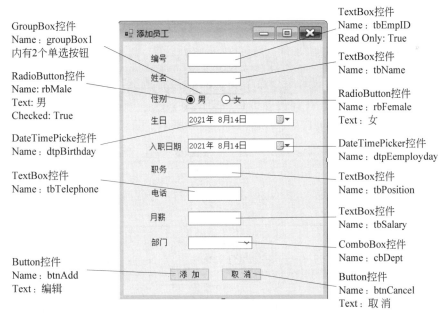

图 9-30 "编辑员工"窗体设计效果

说明：编辑时，若文本框中内容只做显示不予修改，可设置相应文本框的 ReadOnly 属性值为 True。如，"编辑员工"窗体设计中"员工编号"文本框 ReadOnly 属性值就被设置为 True。

4. "查询员工"窗体

（1）右击项目 EmpMan，在弹出的快捷菜单中选择"添加"→"窗体"选项，在弹出的对话框中设置名称为 EmpSearchForm.cs，弹出窗体 EmpSearchForm。

（2）单击左侧的"工具箱"，打开"所有 Windows 窗体"选项卡，拖曳 7 个 Label 控件、5 个 TextBox 控件、1 个 GroupBox 控件、3 个 RadioButton 控件、1 个 ComboBox 控件、2 个 CheckBox 控件、4 个 DateTimePicker 控件、2 个 Button 控件到窗体中。主要控件的布局和属性设置如图 9-31 所示。

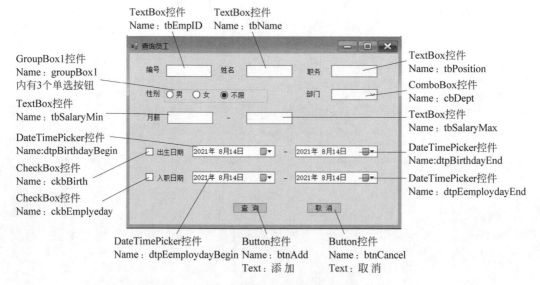

图 9-31 "查询员工"窗体设计效果

9.6.2 相关表设计

从窗体设计看，至少需要设计一个员工表 t_emp，来存放员工的编号、姓名、性别、生日、入职日期、职务、电话、月薪、所在部门等信息。操作如下：

（1）用 SSMS 工具设计员工表 t_emp，如图 9-32 所示。

列名	数据类型	允许 Null 值
eid	varchar(50)	☐
ename	varchar(50)	☐
esex	nchar(1)	☑
ebirthday	date	☑
eemployday	date	☑
eposition	varchar(50)	☑
etelephone	varchar(50)	☑
esalary	int	☑
dept_id	varchar(50)	☑

图 9-32 员工表设计

以上最后一个列 dept_id，用于存放部门编号，作为外键，引用部门表主键 did 中的值。查询时，可联接部门表 t_dept，获取部门名称，如：

```
SELECT ename 姓名,dname 部门 FROM t_emp LEFT JOIN t_dept ON dept_id = did
```

(2) 用 SSMS 工具将预设的 12 条员工数据添加到员工表中,如图 9-33 所示。

eid	ename	esex	ebirthday	eemploy...	eposition	etelephone	esalary	dept id
0001	柏伟龙	男	1978-05-08	2020-07-08	经理	13701820586	6000	001
0002	常海洋	男	1999-09-10	2020-07-08	职员	13641949617	3000	001
0003	曹伟煌	男	1992-03-02	2020-07-08	职员	13692030588	3500	001
0004	邓龙	男	1989-02-12	2020-07-08	职员	13641823727	3200	001
0005	邓亚婷	女	1983-11-16	2020-07-08	职员	13791237696	3300	001
0006	成增甲	男	1979-10-07	2021-07-01	经理	13981203217	6500	002
0007	陈浩	男	1995-08-19	2021-07-01	职员	13701234572	4200	002
0008	陈国寰	男	1998-09-20	2021-07-01	职员	13641823476	3200	002
0009	曹健	男	1994-06-21	2021-07-01	职员	13771289334	3300	002
0010	葛有	女	1996-09-28	2021-07-01	职员	13567829912	3800	002
0011	胡婷筠	女	1985-11-22	2021-07-01	经理	13723409863	6850	003
0012	葛云鹏	男	1996-02-18	2021-07-01	职员	13645280932	4000	003

图 9-33　将预设的 12 条员工数据添加到员工表中

9.6.3　代码实现

1. 员工显示列表

说明:"员工管理"窗体加载时,应该显示所有员工记录。

实现:双击窗体 EmpForm 空白处,生成窗体 Load 事件处理方法,在方法中编写如下代码,用以在加载窗体后在 DataGridView 控件中显示所有员工信息。

```
public / * private * / void EmpForm_Load(object sender, EventArgs e)
{
    string connStr = "Data Source = .;Initial Catalog = db_EMP;Integrated Security = True";
    try
    { //using System.Data.SqlClient;
        using (SqlConnection conn = new SqlConnection(connStr))
        {
            conn.Open();
            string sql = "SELECT eid 编号,ename 姓名,esex 性别,ebirthday 生日,eemployday 入职
日期,eposition 职位,etelephone 电话,esalary 月薪,dname 部门
FROM t_emp LEFT JOIN t_dept ON t_emp.dept_id = t_dept.did";
            SqlDataAdapter adapter = new SqlDataAdapter(sql, conn);
            DataSet ds = new DataSet();                         //System.Data.DataSet 存放离线数据
            adapter.Fill(ds);                                    //离线数据放入 ds 中
            dgvEmp.DataSource = ds.Tables[0];                    //数据控件的数据源绑定数据
        }
    }
    catch (SqlException ex)
    {
        MessageBox.Show("数据库操作异常,请联系系统管理员");
    }
}
```

综合应用——员工信息管理系统

另外，在主窗体中，双击"员工管理"菜单生成 Click 事件处理方法，在方法中编写如下代码，用以打开"员工管理"窗体。

```csharp
private void 员工管理 ToolStripMenuItem_Click(object sender, EventArgs e)
{
    EmpForm empForm = new EmpForm();
    empForm.ShowDialog();
}
```

运行效果如图 9-34 所示。

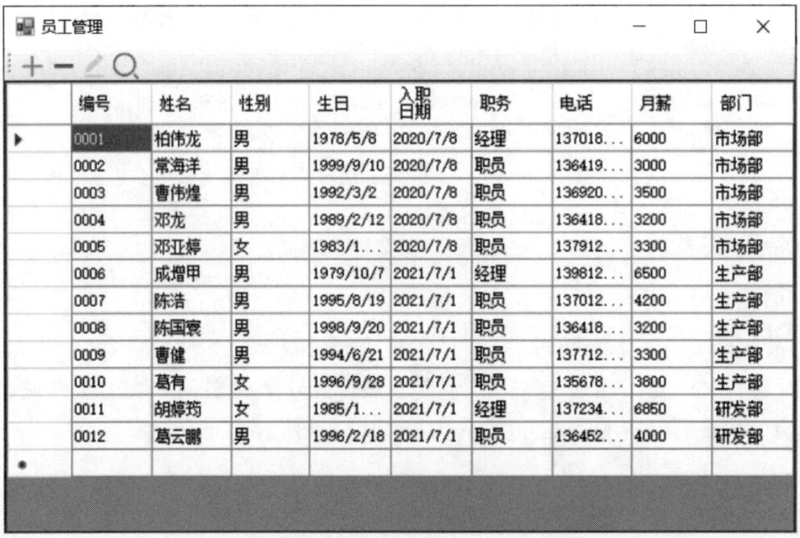

编号	姓名	性别	生日	入职日期	职务	电话	月薪	部门
0001	柏伟龙	男	1978/5/8	2020/7/8	经理	137018...	6000	市场部
0002	常海洋	男	1999/9/10	2020/7/8	职员	136419...	3000	市场部
0003	曹伟煌	男	1992/3/2	2020/7/8	职员	136920...	3500	市场部
0004	邓龙	男	1989/2/12	2020/7/8	职员	136418...	3200	市场部
0005	邓亚婷	女	1983/1...	2020/7/8	职员	137912...	3300	市场部
0006	成增甲	男	1979/10/7	2021/7/1	经理	139812...	6500	生产部
0007	陈浩	男	1995/8/19	2021/7/1	职员	137012...	4200	生产部
0008	陈国寰	男	1998/9/20	2021/7/1	职员	136418...	3200	生产部
0009	曹健	男	1994/6/21	2021/7/1	职员	137712...	3300	生产部
0010	葛有	女	1996/9/28	2021/7/1	职员	135678...	3800	生产部
0011	胡婷筠	女	1985/1...	2021/7/1	经理	137234...	6850	研发部
0012	葛云鹏	男	1996/2/18	2021/7/1	职员	136452...	4000	研发部

图 9-34　进入"员工管理"窗体时默认显示所有员工信息

2. 添加员工

说明：添加员工，需要分几步实现。

（1）在"员工管理"窗体中，单击"添加"按钮打开"添加员工"窗体。因为添加员工后，需要刷新"员工管理"窗体中的列表数据，所以在"添加员工"窗体类 EmpAddForm 中加一个带 EmpForm 参数的构造。

（2）在显示"添加员工"窗体时，需要先初始化显示部门信息。

（3）将员工信息加入员工表中，并刷新"员工管理"窗体中的员工列表。

设计：

（1）在"员工管理"窗体 EmpForm 中，双击"添加"（＋）按钮 btnAdd 生成 Click 事件处理方法，在方法中编写如下代码，实现弹出"添加员工"窗体 EmpAddForm。

```csharp
private void btnAdd_Click(object sender, EventArgs e)
{
    new EmpAddForm(this).ShowDialog();
}
```

为"添加员工"窗体类 EmpAddForm 加带参构造，以传递 empForm。代码如下。

```
private EmpForm empForm;
public EmpAddForm(EmpForm empForm)
{
    this.empForm = empForm;
    InitializeComponent();
}
```

（2）部门初始化：双击"添加员工"窗体生成 Load 事件方法，在方法中编写如下代码，用以将数据表 t_dept 中数据显示在部门选择控件 cbDept 上。

```
private void EmpAddForm_Load(object sender, EventArgs e)
{
    string connStr = "Data Source = .;Initial Catalog = db_EMP;Integrated Security = True";
    try
    {    //using System.Data.SqlClient;
        using (SqlConnection conn = new SqlConnection(connStr))
        {
            conn.Open();
            string sql = "SELECT did,dname FROM t_dept order by did";
            SqlDataAdapter adapter = new SqlDataAdapter(sql, conn);
            DataSet ds = new DataSet();                 //System.Data.DataSet 存放离线数据
            adapter.Fill(ds);                           //离线数据放入 ds 中
            cbDept.DataSource = ds.Tables[0];           //数据控件的数据源绑定
            cbDept.ValueMember = "did";                 //Value(下拉选择值)
            cbDept.DisplayMember = "dname";             //Display(下拉选择显示)
        }
    }
    catch (SqlException ex)
    {
        MessageBox.Show("数据库操作异常,请联系系统管理员");
    }
}
```

（3）将员工信息加入员工表中，并刷新"员工管理"窗体中的员工列表。

说明：将员工信息加入员工表的主要逻辑如下。

① 判断各项输入的合法性。

② 员工编号不能与现有员工的编号重复。

③ 在数据表中添加员工记录，并刷新"员工管理"窗体中员工列表。

实现：在"添加员工"窗体 EmpAddForm 中，双击"添加"按钮生成 Click 事件处理方法，在方法中编写如下代码。

```
private void btnAdd_Click(object sender, EventArgs e)
{
    //判断各项输入的合法性
    if (string.IsNullOrWhiteSpace(tbEmpID.Text))
    {
        MessageBox.Show("员工编号不能为空");
```

```
            tbEmpID.Focus();
            return;
        }
        if (string.IsNullOrWhiteSpace(tbName.Text)) {
            MessageBox.Show("员工姓名不能为空"); tbName.Focus();
            return;
        }
        if (string.IsNullOrWhiteSpace(tbPosition.Text)) {
            MessageBox.Show("员工职位不能为空"); tbPosition.Focus();
            return;
        }
        if (string.IsNullOrWhiteSpace(tbTelephone.Text)) {
            MessageBox.Show("联系电话不能为空"); tbTelephone.Focus();
            return;
        }
        if (string.IsNullOrWhiteSpace(tbSalary.Text)) {
            MessageBox.Show("月薪不能为空"); tbSalary.Focus();
            return;
        }
        try{
            int salary = int.Parse(tbSalary.Text.Trim());
        }catch {
            MessageBox.Show("月薪必须是整数类型"); tbSalary.Focus();
            return;
        }
        //员工编号不能与现有员工的编号重复(姓名可以重复,通过编号区分)
        bool existed = Exist(tbEmpID.Text.Trim());
        if (existed) {
            MessageBox.Show("员工编号已存在"); tbEmpID.Focus();
            return;
        }
        //在数据表中添加员工记录,并刷新"员工管理"窗体中列表
        string eid = tbEmpID.Text.Trim();                          //编号
        string ename = tbName.Text.Trim();                         //姓名
        string esex = rbMale.Checked ? "男" : "女";
        DateTime ebirthday = dtpBirthday.Value;
        DateTime eemployeday = this.dtpEemployday.Value;
        string eposition = tbPosition.Text.Trim();
        string etelephone = tbTelephone.Text.Trim();
        int esalary = int.Parse(tbSalary.Text.Trim());
        string dept_id = (string)cbDept.SelectedValue;
        bool added = AddEmp(eid, ename, esex, ebirthday, eemployeday, eposition, etelephone,
esalary, dept_id);
        if (added) {                                     //添加成功
            MessageBox.Show("员工添加成功");
            this.Close();
            empForm.EmpForm_Load(NULL, NULL);            //刷新员工列表
        } else {
            MessageBox.Show("员工添加失败");
        }
    }
```

代码 Exist(tbEmpID. Text. Trim())用以判断在数据库表 t_emp 中是否存在与员工编号对应的记录。方法实现代码具体如下。

```
private bool Exist(string tbEmpID)
{
    bool existed = false;
    string connStr = "Data Source = .;Initial Catalog = db_EMP;Integrated Security = True";
    try {
        using (SqlConnection conn = new SqlConnection(connStr)) {
            conn.Open();
            string sql = string.Format("SELECT count( * ) FROM t_emp WHERE eid = '{0}'", tbEmpID);
            SqlCommand cmd = new SqlCommand(sql, conn);
            int row = (int)cmd.ExecuteScalar(); //返回 object 对象
            if (row == 1)
                existed = true;
        }
    } catch (SqlException e) {
        MessageBox.Show("操作数据库异常: " + e.Message);
    }
    return existed;
}
```

代码 AddEmp（eid，ename，esex，ebirthday，eemployeday，eposition，etelephone，esalary，dept_id)的作用是向数据库表 t_emp 中添加员工记录。方法实现代码具体如下。

```
private bool AddEmp (string eid, string ename, string esex, DateTime ebirthday, DateTime
eemployday, string eposition,string etelephone, int esalary, string dept_id) {
    bool op = false;                      //操作成功与否
    string connStr = "Data Source = .;Initial Catalog = db_EMP;Integrated Security = True";
    try
    {  //using System.Data.SqlClient;
        using (SqlConnection conn = new SqlConnection(connStr)) {
            conn.Open();
            string sql = string. Format ( " INSERT t_emp (eid, ename, esex, ebirthday,
eemployday, eposition,etelephone,esalary,dept_id)
VALUES ('{0}', '{1}', '{2}', CAST('{3}' AS Date), CAST('{4}' AS Date), '{5}', '{6}',{7},'{8}')",
eid, ename, esex, ebirthday. ToString("yyyy - MM - dd"), eemployeday. ToString("yyyy - MM -
dd"),eposition, etelephone, esalary, dept_id);
            SqlCommand cmd = new SqlCommand(sql, conn);
            int row = cmd.ExecuteNonQuery();    //返回为添加、修改、删除影响的行数
            if (row > 0)
                op = true;                      //添加记录成功
        }
    } catch (SqlException ex) {
        MessageBox.Show("数据库操作异常,请联系系统管理员");
    }
    return op;
}
```

综合应用——员工信息管理系统

运行效果如图9-35、图9-36所示。

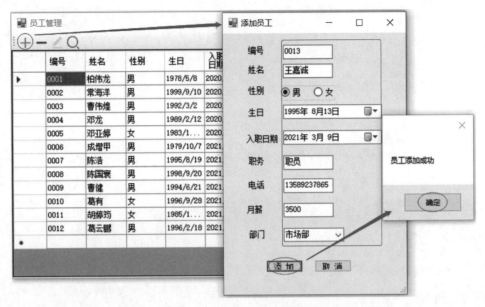

图 9-35 添加员工运行界面

图 9-36 添加操作后刷新列表中有新员工数据

3. 删除员工

说明：当选中某员工记录，单击"删除"按钮后，将数据表 t_emp 中相应行删除。

设计：在"员工管理"窗体 EmpForm 中，双击"删除"（一）按钮 btnRemove 产生按钮 Click 事件处理方法，在方法中编写如下代码。

```
private void btnRemove_Click(object sender, EventArgs e) {
    if (this.dgvEmp.SelectedRows.Count > 1) {
```

```
        MessageBox.Show("不支持多行删除");
        return;
    }
    if (this.dgvEmp.SelectedRows.Count == 0) {
        MessageBox.Show("先选择要删除的员工");
        return;
    }
    //删除记录,需要先确认
    DialogResult dr = MessageBox.Show("确实要删除吗?", "提示",
        MessageBoxButtons.YesNo, MessageBoxIcon.Warning);
    if (DialogResult.No == dr)
        return;
    //删除
    string emp_id = (string)dgvEmp.SelectedRows[0].Cells["编号"].Value;
    string connStr = "Data Source = .;Initial Catalog = db_EMP;Integrated Security = True";
    try {                                        //using System.Data.SqlClient;
        using (SqlConnection conn = new SqlConnection(connStr)) {
            onn.Open();
            string sql = string.Format("DELETE FROM t_emp WHERE eid = '{0}'", emp_id);
            SqlCommand cmd = new SqlCommand(sql, conn);
            int row = cmd.ExecuteNonQuery();     //返回为添加、修改、删除影响的行数
            if (row > 0)                          //操作记录成功,刷新列表
                this.EmpForm_Load(NULL, NULL);
        }
    }
    catch (SqlException ex) {
        MessageBox.Show("数据库操作异常,请联系系统管理员");
    }
}
```

运行效果如图 9-37、图 9-38 所示。

图 9-37　删除选中员工

综合应用——员工信息管理系统

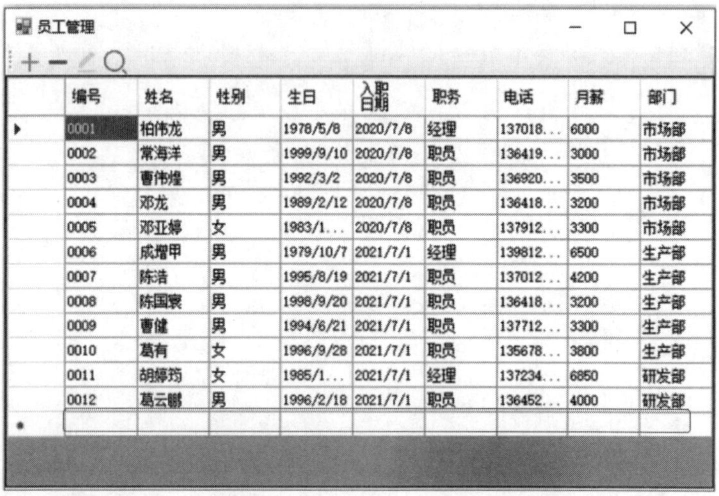

编号	姓名	性别	生日	入职日期	职务	电话	月薪	部门
0001	柏伟龙	男	1978/5/8	2020/7/8	经理	137018...	6000	市场部
0002	常海洋	男	1999/9/10	2020/7/8	职员	136419...	3000	市场部
0003	曹伟煌	男	1992/3/2	2020/7/8	职员	136920...	3500	市场部
0004	邓龙	男	1989/2/12	2020/7/8	职员	136418...	3200	市场部
0005	邓亚婷	女	1983/1...	2020/7/8	职员	137912...	3300	市场部
0006	成增甲	男	1979/10/7	2021/7/1	经理	139812...	6500	生产部
0007	陈浩	男	1995/8/19	2021/7/1	职员	137012...	4200	生产部
0008	陈国宸	男	1998/9/20	2021/7/1	职员	136418...	3200	生产部
0009	曹健	男	1994/6/21	2021/7/1	职员	137712...	3300	生产部
0010	葛有	女	1996/9/28	2021/7/1	职员	135678...	3800	生产部
0011	胡婷筠	女	1985/1...	2021/7/1	经理	137234...	6850	研发部
0012	葛云鹏	男	1996/2/18	2021/7/1	职员	136452...	4000	研发部

图 9-38　列表中选中员工数据已被删除

4. 编辑员工

说明：编辑员工的主要逻辑如下。

(1) 加载“编辑员工”窗体时，员工编号和员工姓名等信息应该初始化填入。

(2) 判断员工各信息输入的合法性，若不合法则弹出警告框，不予操作。

(3) 将新员工信息改回员工表 t_emp 中。

设计：

(1) 在 EmpForm.cs 中，为 EmpForm 类加 DataGridView 属性，用以编辑窗体访问，实现代码如下。

```
public DataGridView DgvEmp
{
    get {
        return dgvEmp;
    }
}
```

(2) 在“员工管理”窗体 EmpForm 中，双击“编辑”(笔)按钮产生按钮 Click 事件处理方法，在方法中编写如下代码，用以判断是否选择了编辑行，以及打开“编辑员工”窗体。

```
private void btnEdit_Click(object sender, EventArgs e)
{
    if (this.DgvEmp.SelectedRows.Count > 1) {              //确认选择了要修改的一个员工
        MessageBox.Show("不支持多行编辑");
        return;
    }
    if (this.DgvEmp.SelectedRows.Count == 0) {
        MessageBox.Show("先选择要编辑的员工");
        return;
```

```
        }
        new EmpEditForm(this).ShowDialog();              //打开"编辑员工"窗体
    }
```

在 EmpEditForm.cs 中，为 EmpEditForm 类加字段和带参构造，代码如下所示，用以获取传递过来的 empForm 参数，进而获取内部员工列表中选中的行数据。

```
private EmpForm empForm;         //接收来自"员工管理"窗体传递过来的参数
public EmpEditForm(EmpForm empForm)
{
    this.empForm = empForm;
    InitializeComponent();
}
```

在"编辑员工"窗体 EmpEditForm 中，双击窗体空白处，生成窗体 Load 事件处理方法，在方法中编写如下代码，用以将被编辑员工的数据填写到各控件上。

```
private void EmpEditForm_Load(object sender, EventArgs e) {
    //旧数据显示
    tbEmpID.Text = (string)empForm.DgvEmp.SelectedRows[0].Cells["编号"].Value;
    tbName.Text = (string)empForm.DgvEmp.SelectedRows[0].Cells["姓名"].Value;
    rbMale.Checked = (string)empForm.DgvEmp.SelectedRows[0].Cells["性别"].Value == "男"
? true : false;
    rbFemale.Checked = !rbMale.Checked;
    dtpBirthday.Value = (DateTime)empForm.DgvEmp.SelectedRows[0].Cells["生日"].Value;
    dtpEemployday.Value = (DateTime)empForm.DgvEmp.SelectedRows[0].Cells["入职日期"].
Value;
    tbPosition.Text = (string)empForm.DgvEmp.SelectedRows[0].Cells["职位"].Value;
    tbTelephone.Text = (string)empForm.DgvEmp.SelectedRows[0].Cells["电话"].Value;
    tbSalary.Text = empForm.DgvEmp.SelectedRows[0].Cells["月薪"].Value.ToString();
    InitDeptComboBox(); //初始化"部门"下拉列表框
    //在下拉列表框中选中原部门
    string deptName = (string)empForm.DgvEmp.SelectedRows[0].Cells["部门"].Value;
    for (int i = 0;i < cbDept.Items.Count;i++) {
        DataRowView item = (DataRowView)cbDept.Items[i];
        if (deptName == item.Row.ItemArray[1].ToString())
                cbDept.SelectedIndex = i;
    }
}
```

方法 InitDeptComboBox() 的作用是初始化"部门"下拉列表框的数据，具体实现代码如下。

```
private void InitDeptComboBox()
{
 string connStr = "Data Source = .;Initial Catalog = db_EMP;Integrated Security = True";
 try
   {  //using System.Data.SqlClient;
```

```
        using (SqlConnection conn = new SqlConnection(connStr))
        {
            conn.Open();
            string sql = "SELECT did,dname FROM t_dept order by did";
            SqlDataAdapter adapter = new SqlDataAdapter(sql, conn);
            DataSet ds = new DataSet();              //System.Data.DataSet 存放离线数据
            adapter.Fill(ds);                        //离线数据放入 ds 中
            cbDept.DataSource = ds.Tables[0];        //数据控件的数据源绑定
            cbDept.ValueMember = "did";
            cbDept.DisplayMember = "dname";
        }
    } catch (SqlException ex) {
        MessageBox.Show("数据库操作异常,请联系系统管理员");
    }
}
```

运行效果如图 9-39 所示。

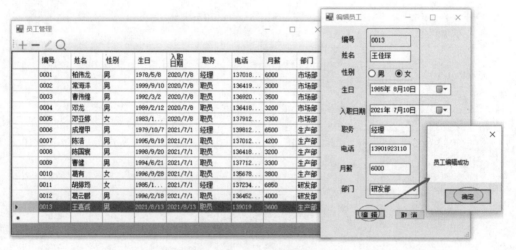

图 9-39 "编辑员工"操作界面

（3）在"员工编辑"窗体 EmpEditForm 中,双击"编辑"按钮生成按钮 Click 事件处理方法,在方法中编写如下代码,用以校验输入数据的合法性,在合法前提下将编辑的员工信息修改回数据表对应记录中。

```
private void btnEdit_Click(object sender, EventArgs e) {
    //判断各项输入的合法性
    if (string.IsNullOrWhiteSpace(tbName.Text)) {
        MessageBox.Show("员工姓名不能为空"); tbName.Focus();
        return;
    }
    if (string.IsNullOrWhiteSpace(tbPosition.Text)) {
        MessageBox.Show("员工职位不能为空"); tbPosition.Focus();
        return;
    }
```

```
if (string.IsNullOrWhiteSpace(tbTelephone.Text)) {
        MessageBox.Show("联系电话不能为空"); tbTelephone.Focus();
        return;
}
if (string.IsNullOrWhiteSpace(tbSalary.Text)) {
        MessageBox.Show("月薪不能为空"); tbSalary.Focus();
        return;
}
try {
        int salary = int.Parse(tbSalary.Text.Trim());
} catch {
        MessageBox.Show("月薪必须是整数类型"); tbSalary.Focus();
        return;
}
//在数据表中修改员工记录,并刷新"员工管理"窗体中列表
string eid = tbEmpID.Text.Trim();                           //编号
string ename = tbName.Text.Trim();                          //姓名
string esex = rbMale.Checked ? "男" : "女";
DateTime ebirthday = dtpBirthday.Value;
DateTime eemployeday = this.dtpEemployday.Value;
string eposition = tbPosition.Text.Trim();
string etelephone = tbTelephone.Text.Trim();
int esalary = int.Parse(tbSalary.Text.Trim());
string dept_id = (string)cbDept.SelectedValue;
bool edited = EditEmp(eid, ename, esex, ebirthday, eemployeday, eposition, etelephone,
esalary, dept_id);
if (edited) {                                               //编辑成功
        MessageBox.Show("员工编辑成功");
        this.Close();
        empForm.EmpForm_Load(NULL, NULL);                   //刷新员工列表
} else{
        MessageBox.Show("员工编辑失败");
}
}
```

代码 EditEmp（eid，ename，esex，ebirthday，eemployeday，eposition，etelephone，esalary，dept_id)的作用是将员工信息修改回员工表 t_emp 相应记录中,EditEmp()方法的具体实现代码如下。

```
private bool EditEmp(string eid, string ename, string esex, DateTime ebirthday, DateTime
eemployeday, string eposition, string etelephone, int esalary, string dept_id)
{
        bool op = false;                        //操作成功与否
        string connStr = "Data Source = .;Initial Catalog = db_EMP;Integrated Security = True";
        try
        {   //using System.Data.SqlClient;
            using (SqlConnection conn = new SqlConnection(connStr))
            {
                conn.Open();
```

```
                string sql =  string.Format("UPDATE t_emp SET ename = '{1}', esex = '{2}',
ebirthday = CAST('{3}' AS Date), eemployday = CAST('{4}' AS Date), eposition = '{5}',etelephone
= '{6}',esalary = {7},dept_id = '{8}' WHERE eid = {0} ",
eid, ename, esex, ebirthday.ToString("yyyy - MM - dd"), eemployeday.ToString("yyyy - MM - dd"),
eposition, etelephone, esalary, dept_id);
                SqlCommand cmd = new SqlCommand(sql, conn);
                int row = cmd.ExecuteNonQuery(); //返回为添加、修改、删除影响的行数
                if (row > 0)
                    op = true; //添加记录成功
            }
        }
        catch (SqlException ex)
        {
            MessageBox.Show("数据库操作异常,请联系系统管理员");
        }
        return op;
}
```

运行效果如图 9-40 所示。

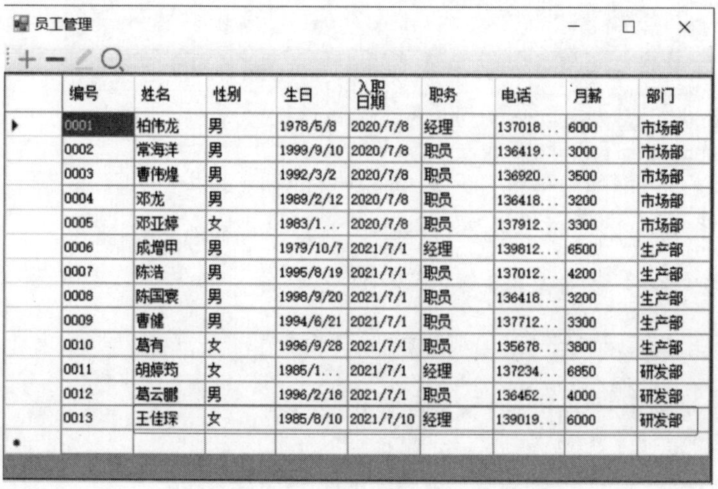

	编号	姓名	性别	生日	入职日期	职务	电话	月薪	部门
▶	0001	柏伟龙	男	1978/5/8	2020/7/8	经理	137018...	6000	市场部
	0002	常海洋	男	1999/9/10	2020/7/8	职员	136419...	3000	市场部
	0003	曹伟煌	男	1992/3/2	2020/7/8	职员	136920...	3500	市场部
	0004	邓龙	男	1989/2/12	2020/7/8	职员	136418...	3200	市场部
	0005	邓亚婷	女	1983/1...	2020/7/8	职员	137912...	3300	市场部
	0006	成增甲	男	1979/10/7	2021/7/1	经理	139812...	6500	生产部
	0007	陈浩	男	1995/8/19	2021/7/1	职员	137012...	4200	生产部
	0008	陈国寰	男	1998/9/20	2021/7/1	职员	136418...	3200	生产部
	0009	曹健	男	1994/6/21	2021/7/1	职员	137712...	3300	生产部
	0010	葛有	女	1996/9/28	2021/7/1	职员	135678...	3800	生产部
	0011	胡婷筠	女	1985/1...	2021/7/1	经理	137234...	6850	研发部
	0012	葛云鹏	男	1996/2/18	2021/7/1	职员	136452...	4000	研发部
	0013	王佳琛	女	1985/8/10	2021/7/10	经理	139019...	6000	研发部
*									

图 9-40　列表中员工信息被成功修改

5. 查询员工

说明：可通过查询员工编号、姓名、职位、性别、部门、月薪范围、出生日期范围、入职日期范围等条件，查找对应的员工记录。这里的查询除了单个条件查询外，还可以是组合式的，如按照部门和性别同时进行查询。

实现：

(1) 在员工主窗体 EmpForm 中，双击“查询”按钮生成 Click 事件处理方法，在方法中编写如下代码，用以弹出查询窗体。

```
private void btnSearch_Click(object sender, EventArgs e)
{
    new EmpSearchForm(this).ShowDialog();
}
```

（2）为"员工查询"窗体类 EmpSearchForm 添加带参构造。

```
private EmpForm empForm;
public EmpSearchForm(EmpForm empForm)
{
        this.empForm = empForm;
        InitializeComponent();
}
```

（3）在"员工查询"窗体 EmpSearchForm 空白处双击生成 Load 事件处理方法,在方法中编写如下代码,实现初始化"部门"下拉列表框。

```
private void EmpSearchForm_Load(object sender, EventArgs e)
{
    string connStr = "Data Source = .;Initial Catalog = db_EMP;Integrated Security = True";
    try {                                      //using System.Data.SqlClient;
        using (SqlConnection conn = new SqlConnection(connStr)) {
            conn.Open();
            string sql = "SELECT did,dname FROM t_dept order by did";
            SqlDataAdapter adapter = new SqlDataAdapter(sql, conn);
            DataSet ds = new DataSet();            //System.Data.DataSet 存放离线数据
            adapter.Fill(ds);                      //离线数据放入 ds 中
            //ds.Tables[0]中(顶部)加"{000,所有}"项
            DataRow dr = ds.Tables[0].NewRow();
            dr["did"] = "000";
            dr["dname"] = "所有";
            ds.Tables[0].Rows.InsertAt(dr, 0);     //插入下标 0 处
            cbDept.DataSource = ds.Tables[0];      //数据控件的数据源绑定数据
            cbDept.ValueMember = "did";            //Value(下拉选择值)
            cbDept.DisplayMember = "dname";        //Display(下拉选择显示)
        }
    } catch (SqlException ex) {
        MessageBox.Show("数据库操作异常,请联系系统管理员");
    }
}
```

（4）在"员工查询"窗体 EmpSearchForm 中,双击"查询"按钮生成 Click 事件处理方法,在方法中编写如下代码,实现员工查询功能。

```
private void btnSearch_Click(object sender, EventArgs e) {
    //输入数据合法性检验:空允许,但非空要检验;范围的2个值都要判断
    string sql = "SELECT eid 编号,ename 姓名,esex 性别,ebirthday 生日,eemployday 入职日期,
eposition 职位,etelephone 电话,esalary 月薪,dname 部门
FROM t_emp LEFT JOIN t_dept ON t_emp.dept_id = t_dept.did ";
    string sqlOrderBy = " ORDER BY eid";
    //拼接查询 WHERE 子句
    StringBuilder sqlWhere = new StringBuilder(" WHERE 1=1 ");
    if(!string.IsNullOrWhiteSpace(tbEmpID.Text))          //编号不为空加入查询条件
        sqlWhere.AppendFormat(" and eid = '{0}'", tbEmpID.Text.Trim());
    if(!string.IsNullOrWhiteSpace(tbName.Text))           //名称不为空加入查询条件
        sqlWhere.AppendFormat(" and ename like '%{0}%'", tbName.Text.Trim());
```

综合应用——员工信息管理系统

```
        if(!string.IsNullOrWhiteSpace(tbPosition.Text))   //职位不为空加入查询条件
            sqlWhere.AppendFormat(" and eposition = '{0}'", tbPosition.Text.Trim());
        if(!rbSexAll.Checked) {                          //若有性别选择,则加入查询条件
            string esex = rbMale.Checked ? "男" : "女";
            sqlWhere.AppendFormat(" and esex = '{0}'", esex);
        }
        if (cbDept.SelectedIndex!= 0)                    //若有部门选择,则加入查询条件
            sqlWhere.AppendFormat(" and did = '{0}'", cbDept.SelectedValue);
    //月薪,范围大小值都要输入,且都为整数,大值大于或等于小值
    bool salaryMinExisted = !string.IsNullOrWhiteSpace(tbSalaryMin.Text);
    bool salaryMaxExisted = !string.IsNullOrWhiteSpace(tbSalaryMax.Text);
    if(salaryMinExisted && !salaryMaxExisted) {
        MessageBox.Show("月薪小值输入,月薪大值也必须同时输入");
        tbSalaryMax.Focus(); return;
    }
    if (!salaryMinExisted && salaryMaxExisted) {
        MessageBox.Show("月薪大值输入,月薪小值也必须同时输入");
        tbSalaryMin.Focus(); return;
    }
    if (salaryMinExisted && salaryMaxExisted) {
        int salaryMin = 0, salaryMax = 0;
        try {
            salaryMin = int.Parse(tbSalaryMin.Text.Trim());
        }catch {
            MessageBox.Show("月薪(小值)输入为整数");
            tbSalaryMin.Focus(); return;
        }
        try {
            salaryMax = int.Parse(tbSalaryMax.Text.Trim());
        } catch {
            MessageBox.Show("月薪(大值)输入为整数");
            tbSalaryMax.Focus(); return;
        }
        if( salaryMax < salaryMin) {
            MessageBox.Show("月薪大值必须大于或等于月薪小值");
            tbSalaryMax.Focus(); return;
        }
        sqlWhere.AppendFormat(" and (esalary BETWEEN {0} AND {1})", salaryMin, salaryMax);
    }
    //用 checkBox 控件 ckbBirth 是否被选中来判断日期范围是否作为查询条件
    if (ckbBirth.Checked) {
        sqlWhere.AppendFormat(" and ( ebirthday BETWEEN CAST('{0}' AS Date) AND CAST('{1}' AS Date) )",
        dtpBirthdayBegin.Value.ToString("yyyy-MM-dd"),
                dtpBirthdayEnd.Value.ToString("yyyy-MM-dd"));
    }
    if (ckbEmplyeday.Checked) {
        sqlWhere.AppendFormat(" and (eemployday BETWEEN CAST('{0}' AS Date) AND CAST('{1}'
AS Date) )",dtpEemploydayBegin.Value.ToString("yyyy-MM-dd"),
                dtpEemploydayEnd.Value.ToString("yyyy-MM-dd"));
```

```
    }
    ql = sql + sqlWhere + sqlOrderBy;
    string connStr = "Data Source = .;Initial Catalog = db_EMP;Integrated Security = True";
    try {                                           //using System.Data.SqlClient;
        using (SqlConnection conn = new SqlConnection(connStr)) {
            conn.Open();
            SqlDataAdapter adapter = new SqlDataAdapter(sql, conn);
            DataSet ds = new DataSet();             //System.Data.DataSet 存放离线数据
            adapter.Fill(ds);                       //离线数据放入 ds 中
            empForm.DgvEmp.DataSource = ds.Tables[0]; //数据控件的数据源绑定
            this.Close();                           //关闭自己(关闭查询窗体)
        }
    } catch (SqlException ex) {
        MessageBox.Show("数据库操作异常,请联系系统管理员");
    }
}
```

代码"empForm.DgvEmp.DataSource = ds.Tables[0];"意味着在"员工管理"窗体类
EmpForm 中需要加 DgvEmp 属性,以便间接访问到 dgvEmp 控件进行员工列表的刷新。
为此,在 EmpForm.cs 中加入如下代码。

```
public DataGridView DgvEmp {
    get
    {
        return this.dgvEmp;
    }
}
```

运行效果如图 9-41～图 9-50 所示。

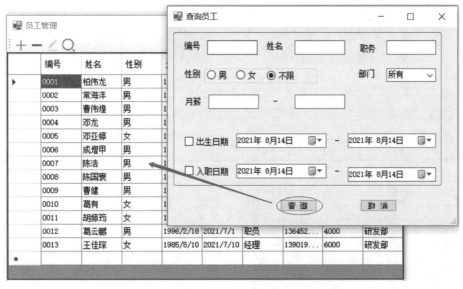

图 9-41　无条件查询

综合应用——员工信息管理系统

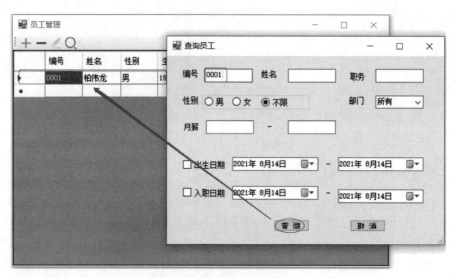

图 9-42　按员工编号查询

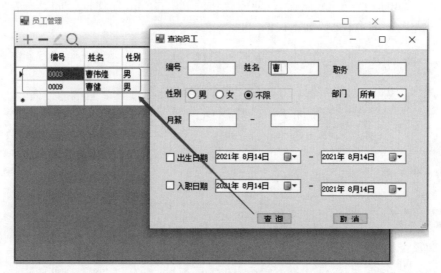

图 9-43　按员工姓名模糊查询

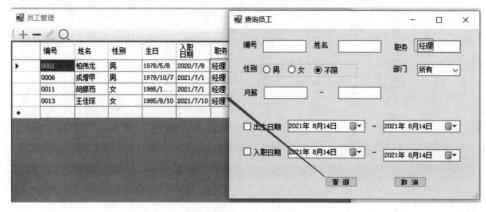

图 9-44　按职位查询

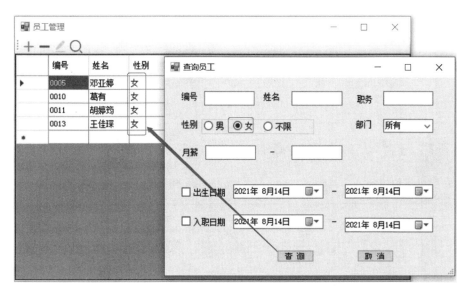

图 9-45　按性别查询

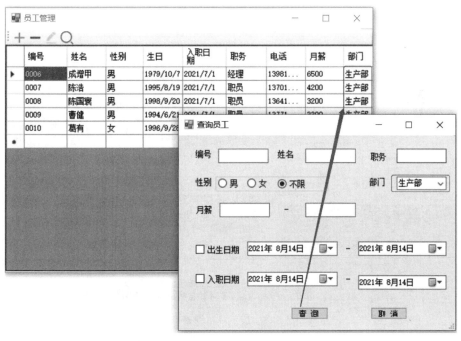

图 9-46　按部门查询

综合应用——员工信息管理系统

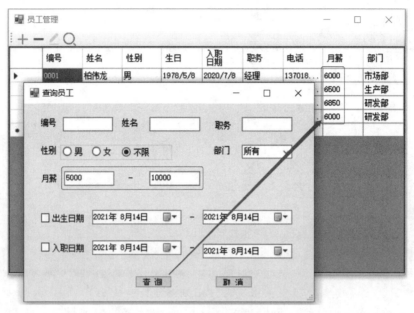

图 9-47 按月薪范围查询

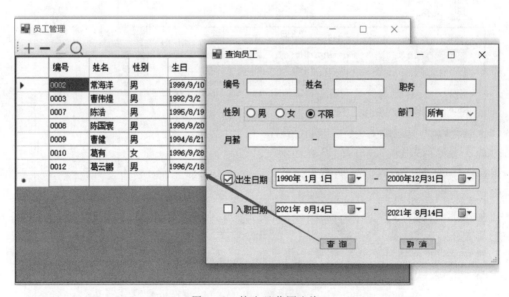

图 9-48 按生日范围查询

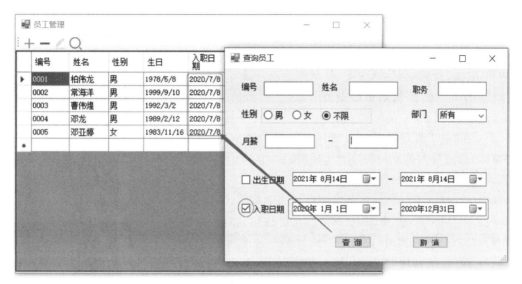

图 9-49　按入职日期范围查询

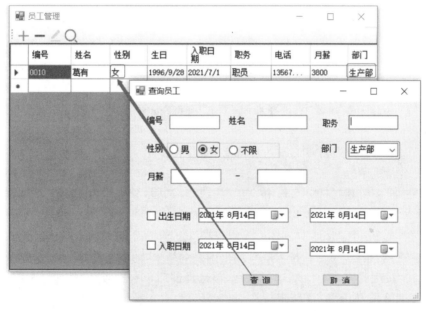

图 9-50　按性别＋部门组合查询

9.6.4　运行效果

（1）单击主窗体中"员工管理"菜单，进入"员工管理"窗体，窗体上会显示所有员工信息，如图 9-34 所示。

（2）在"员工管理"窗体中，单击"添加"（＋）按钮，弹出"添加员工"窗体，在窗体中输入员工编号、姓名等数据，单击"添加"按钮，将新员工信息加入系统，在弹出的对话框中单击"确定"按钮，如图 9-35 所示。

综合应用——员工信息管理系统

（3）单击"确定"按钮后，会刷新员工列表，可观察到新员工数据出现在列表中，如图9-36所示。

（4）在"员工管理"窗体中，选择要删除的员工行，单击"删除"（一）按钮，在弹出的对话框中单击"是"按钮，删除选中员工，如图9-37所示。

（5）单击"是"按钮删除选中员工后，会刷新员工列表，可观察到选中员工数据已被删除，如图9-38所示。

（6）在"员工管理"窗体中，选择要编辑的员工行，单击"编辑"（笔）按钮，弹出"编辑员工"窗体，修改员工信息后，单击"编辑"按钮，在弹出的对话框中单击"确定"按钮，完成编辑过程，如图9-39所示。

（7）单击"确定"按钮后，员工信息被成功修改了，如图9-40所示。

（8）在"员工管理"窗体中，单击"查询"按钮，弹出"查询员工"窗体，不输入任何条件，单击"查询"按钮，将返回所有员工记录，如图9-41所示。

（9）在"员工管理"窗体中，输入员工编号，单击"查询"按钮，将返回按员工编号查询结果，如图9-42所示。

（10）在"员工管理"窗体中，输入员工全名或部分姓名，单击"查询"按钮，将返回按姓名模糊查询结果，如图9-43所示。

（11）在"员工管理"窗体中，输入职务名称，单击"查询"按钮，将返回按职位查询结果，如图9-44所示。

（12）在"员工管理"窗体中，在"性别"选项上选中"男"或"女"单选按钮，单击"查询"按钮，将返回按性别查询结果，如图9-45所示。

（13）在"员工管理"窗体中，选择部门，单击"查询"按钮，将返回部门查询结果，如图9-46所示。

（14）在"员工管理"窗体中，输入月薪范围值，单击"查询"按钮，将返回按月薪范围查询结果，如图9-47所示。

（15）在"员工管理"窗体中，选中"出生日期"复选框，分别为两个出生日期选择器上设置日期，单击"查询"按钮，将返回按生日范围查询结果，如图9-48所示。

（16）在"员工管理"窗体中，选中"入职日期"复选框，分别为两个入职日期选择器设置日期，单击"查询"按钮，将返回按入职日期范围查询结果，如图9-49所示。

（17）在"员工管理"窗体中，选择性别，再选择部门，单击"查询"按钮，将返回按性别加部门组合查询结果，如图9-50所示。

9.7 大作业——"中国劳模信息管理系统"的设计与实现

实际上，"中国劳模信息管理系统"已经被分解为若干模块，融入了各章的实践学习环节中。其中，相关数据库设计，参考第6章；相关数据库交互代码，参考第7章；相关窗体设计，参考第8章；基础概念及语法，参考第1~5章。

学习了第9章"员工信息管理系统"项目详细的设计与开发过程，应该具备了一定的综合应用开发能力，能够完成"中国劳模信息管理系统"的设计。

大作业要求：

（1）参考第 9 章"员工信息管理系统"的格式，完成大作业报告《"中国劳模信息管理系统"的设计与实现》。

模块功能、数据库设计和与数据库交互的 ADO.NET 代码，可参考第 6～8 章。当然，也可以根据自己对需求的理解做出相应的设计。

（2）每个功能模块分 4 个部分表述：窗体设计、表设计、代码实现、运行效果。

（3）开发完毕、调试成功后，录制运行和讲解视频，控制在 5min 内。

（4）将数据库 SQL 导出为文件 db.sql，注意须包含数据部分。

（5）将项目目录复制出来。

（6）将运行和讲解视频、db.sql 文件、项目目录，连同大作业报告文件，一起上交。

评分考核点：

（1）整体完成比例（50 分）。

应至少实现：登录与劳模信息的添加、修改、删除、查询 5 个功能。

增加功能且合理加 1～10 分，少一个功能扣 10 分。

（2）功能合理（20 分）。

每个设置的功能是否完备，无缺失；逻辑合理，无缺陷。

每个功能评分在 0～4 分。

（3）运行流畅（10 分）。

通过分析"运行和讲解视频"来判定。

（4）界面美观（10 分）。

运行视频：界面美感、用户交互、文字流畅、图片恰当。

（5）文档可操作性（10 分）。

SQL 脚本，易于数据库的搭建；

大作业文档，语言流畅，易于理解，便于项目整体实施。

图 书 资 源 支 持

感谢您一直以来对清华版图书的支持和爱护。为了配合本书的使用，本书提供配套的资源，有需求的读者请扫描下方的"书圈"微信公众号二维码，在图书专区下载，也可以拨打电话或发送电子邮件咨询。

如果您在使用本书的过程中遇到了什么问题，或者有相关图书出版计划，也请您发邮件告诉我们，以便我们更好地为您服务。

我们的联系方式：

地　　址：北京市海淀区双清路学研大厦 A 座 714

邮　　编：100084

电　　话：010-83470236　010-83470237

客服邮箱：2301891038@qq.com

QQ：2301891038（请写明您的单位和姓名）

资源下载：关注公众号"书圈"下载配套资源。

资源下载、样书申请

书圈

图书案例

清华计算机学堂

观看课程直播